「十三五」国家重点图书出版规划项目

中国建筑工业出版社
学术著作出版基金项目

杨廷宝全集 二

【建筑卷】下

中国建筑工业出版社

图书在版编目（CIP）数据

杨廷宝全集.二,建筑卷.下/杨廷宝著；黎志涛主编；吴锦绣，鲍莉编.—北京：中国建筑工业出版社，2020.2
ISBN 978-7-112-24660-1

Ⅰ.①杨…　Ⅱ.①杨…②黎…③吴…④鲍…　Ⅲ.①杨廷宝（1901-1982）—全集　Ⅳ.①TU-52

中国版本图书馆CIP数据核字（2020）第022153号

责任编辑：毋婷娴　李　鸽　陈小娟
书籍设计：付金红
责任校对：王　烨

杨廷宝全集·二·建筑卷（下）
*
中国建筑工业出版社出版、发行（北京海淀三里河路9号）
各地新华书店、建筑书店经销
北京方舟正佳图文设计有限公司制版
北京雅昌艺术印刷有限公司印刷
*
开本：880毫米×1230毫米　1/16　印张：16¼　字数：294千字
2021年1月第一版　2021年1月第一次印刷
定价：198.00元
ISBN 978-7-112-24660-1
　　（35261）

《杨廷宝全集》编委会

策划人名单

东南大学建筑学院	王建国
中国建筑工业出版社	沈元勤　王莉慧

编纂人名单

名誉主编	齐　康　钟训正
主　　编	黎志涛
编　　者	
一、建筑卷（上）	鲍　莉　吴锦绣
二、建筑卷（下）	吴锦绣　鲍　莉
三、水彩卷	沈　颖　张　蕾
四、素描卷	张　蕾　沈　颖
五、文言卷	汪晓茜
六、手迹卷	张　倩　权亚玲
七、影志卷	权亚玲　张　倩

杨廷宝先生（1901—1982）是20世纪中国最杰出和最有影响力的第一代建筑师和建筑学教育家之一。时值杨廷宝先生诞辰120周年，我社出版并在全国发行《杨廷宝全集》（共7卷），是为我国建筑学界解读和诠释这位中国近代建筑巨匠的非凡成就和崇高品格，也为广大读者全面呈现我国第一代建筑师不懈求索的优秀范本。作为全集的出版单位，我们深知意义非凡，更感使命光荣，责任重大。

《杨廷宝全集》收录了杨廷宝先生主持、参与、指导的工程项目介绍、图纸和照片，水彩、素描作品，大量的文章和讲话与报告等，文言、手稿、书信、墨宝、笔记、日记、作业等手迹，以及一生各时期的历史影像并编撰年谱。全集反映了杨廷宝先生在专业学习、建筑创作、建筑教育领域均取得令人瞩目的成就，在行政管理、国际交流等诸多方面作出突出贡献。

《杨廷宝全集》是以杨廷宝先生为代表展示关于中国第一代建筑师成长的全景史料，是关于中国近代建筑学科发展和第一代建筑师重要成果的珍贵档案，具有很高的历史文献价值。

《杨廷宝全集》又是一部关于中国建筑教育史在关键阶段的实录，它以杨廷宝先生为代表，呈现出中国建筑教育自1927年开创以来，几代建筑教育前辈们在推动建筑教育发展，为国家培养优秀专业人才中的艰辛历程，具有极高的史料价值。全集的出版将对我国近代建筑史、第一代建筑师、中国建筑现代化转型，以及中国建筑教育转型等相关课题的研究起到非常重要的推动作用，是对我国近现代建筑史和建筑学科发展极大的补充和拓展。

全集按照内容类型分为7卷，各卷按时间顺序编排：

第一卷　建筑卷（上）：本卷编入1927—1949年杨廷宝先生主持、参与、指导设计的89项建筑作品的介绍、图纸和照片。

第二卷　建筑卷（下）：本卷编入1950—1982年杨廷宝先生主持、参与、指导设计的31项建筑作品、4项早期在美设计工程和10项北平古建筑修缮工程的介绍、图纸和照片。

第三卷　水彩卷：本卷收录杨廷宝先生的大量水彩画作。

第四卷　素描卷：本卷收录杨廷宝先生的大量素描画作。

第五卷　文言卷：本卷收录了目前所及杨廷宝先生在报刊及各种会议场合中论述建筑、规划的文章和讲话、报告，及交谈等理论与见解。

第六卷　手迹卷：本卷辑录杨廷宝先生的各类真迹（手稿、书信、书法、题字、笔记、日记、签名、印章等）。

第七卷　影志卷：本卷编入反映杨廷宝先生一生各个历史时期个人纪念照，以及参与各种活动的数百张照片史料，并附杨廷宝先生年谱。

为了帮助读者深入了解杨廷宝先生的一生，我社另行同步出版《杨廷宝全集》的续读——《杨廷宝故事》，书中讲述了全集史料背后，杨廷宝先生在人生各历史阶段鲜为人知的、生动而感人的故事。

2012 年仲夏，我社联合东南大学建筑学院共同发起出版立项《杨廷宝全集》。2016 年，该项目被列入"十三五"国家重点图书出版规划项目和中国建筑工业出版社学术著作出版基金资助项目。东南大学建筑学院委任长期专注于杨廷宝先生生平研究的黎志涛教授担任主编，携众学者，在多方帮助和支持下，耗时近 9 年，将从多家档案馆、资料室、杨廷宝先生亲人、家人以及学院老教授和各单位友人等处收集到杨廷宝先生的手稿、发表文章、发言稿和国内外的学习资料、建筑作品图纸资料以及大量照片进行分类整理、编排校审和绘制修勘，终成《杨廷宝全集》（7 卷）。全集内容浩繁，编辑过程多有增补调整，若有疏忽不当之处，敬请广大读者指正。

中国建筑工业出版社

2021 年 1 月

目 录

※ 括号内所标年份为设计开始年份。

90. 北京人民英雄纪念碑（1950 年）

人民英雄纪念碑位于北京天安门广场中心南北中轴线上。

1949 年 9 月 30 日，中国人民政治协商会议第一届全体会议决定，为了纪念在人民解放战争和人民革命中牺牲的人民英雄，在首都北京建立人民英雄纪念碑。1949 年 9 月 30 日奠基，1952 年 8 月 1 日开工，1958 年 4 月 22 日建成，1958 年 5 月 1 日揭幕。

人民英雄纪念碑呈方形，建筑面积 3 000 平方米，分台座、须弥座和碑身三部分，总高 37.94 米。台座分两层，四周环绕汉白玉栏杆，四面均有台阶。下层台座东西宽 50.44 米，南北长 61.54 米，上层台座呈方形，台座中心立大小须弥座。下层须弥座束腰部四面镶着八幅巨大的汉白玉浮雕。上层小须弥座四周镌刻有以牡丹、荷花、菊花、垂幔等组成的八个花环。碑身正面碑心石高 14.7 米、宽 2.9 米、厚 1 米、重 103 吨，镌刻着毛泽东题写的"人民英雄永垂不朽"八个镏金大字。背面碑心由七块石材构成，内容为毛泽东起草、周恩来书写的 150 字碑文。

人民英雄纪念碑在方案征集初始，共收到二百多件参选作品，经过评议从中选定梁思成设计的方案。并在建造过程中，汇集了一大批当时中国最优秀的文史专家、建筑家、雕塑家进京对方案具体细节进行多轮讨论。杨廷宝作为特邀专家亦参与了集体创作，并对纪念碑的建筑与雕塑关系和细部处理提出了有价值的意见。

1. 南面景观

2. 1958 年建成时景观

3. 北面夜景

4. 碑座浮雕

北立面图

91. 北京和平宾馆（1951 年）

　　和平宾馆位于北京金鱼胡同和西堂子胡同之间。1951 年设计时，原系利用社会游资建造一座青年会式的"联合大饭店"，以供外地来京办事人员作短期住宿之用。1953 年，主体施工至四层时，正值"亚洲及太平洋区域和平会议"将在北京召开，经政务院决定，对原设计客房部分略作修改，以供会议使用。于 1952 年 9 月落成，命名"和平宾馆"，为当时北京最高的建筑。

　　宾馆总平面设计时，为了保留场地内 6 株古槐、古榆树、一口井以及原清末大学士那桐四合院宅院，并设法解决用地局促、交通与停车场地困难等诸多矛盾，建筑平面采用"L"形，并在板式主体建筑底层做过街楼，以贯通前后内院；将配楼餐厅置于西侧，不但巧妙化解环境问题，而且创造了尺度适宜、氛围亲切的外部空间。

　　宾馆建筑面积 7 900 平方米，主体建筑 7 层，局部 8 层。一层门厅面积虽然不大，但功能布局合理、流线组织井然、空间尺度宜人。服务台、楼电梯位置醒目，导引明确。休息区僻静一隅，可赏院内景色。餐厅区毗邻西侧，通达便捷。餐厅使用内外兼顾，大小餐厅之间的讲台利用灵活隔断进行空间的分合，以适应用餐、宴会、演讲等多功能之需。大餐厅设夹层跑马廊，可增设座席，并丰富室内空间形态。餐厅外保留水井一口，供汲水浇花养鱼。

　　主楼标准层以单间双床（带卫生间）和单间三床（使用公共卫生间）客房为主，并设有少量套间客房。顶层为西餐厅和露天舞场。

　　主楼采用钢筋混凝土框架结构，柱距为 6.6 米 ×4 米，外形简洁朴素，在"大屋顶"盛行的中华人民共和国成立初期，是经济、适用、完美结合环境，坚持严谨的现实主义创作精神的经典之作。

1. 鸟瞰渲染图

2. 主楼西南角外景

3. 主楼西北角外景

4. 南立面近景

5. 宴会厅施工现场

6. 门厅内景

7. 门厅楼梯间

8. 套间客房内景一

9. 套间客房内景二

10. 当年北京最高的楼，今已被更高的群楼淹没

11. 今之一层外观和环境已面目全非

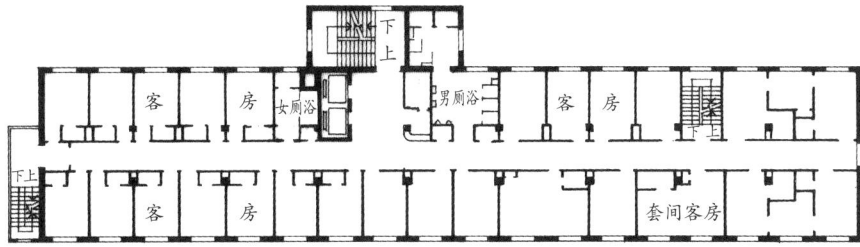

标准层平面图

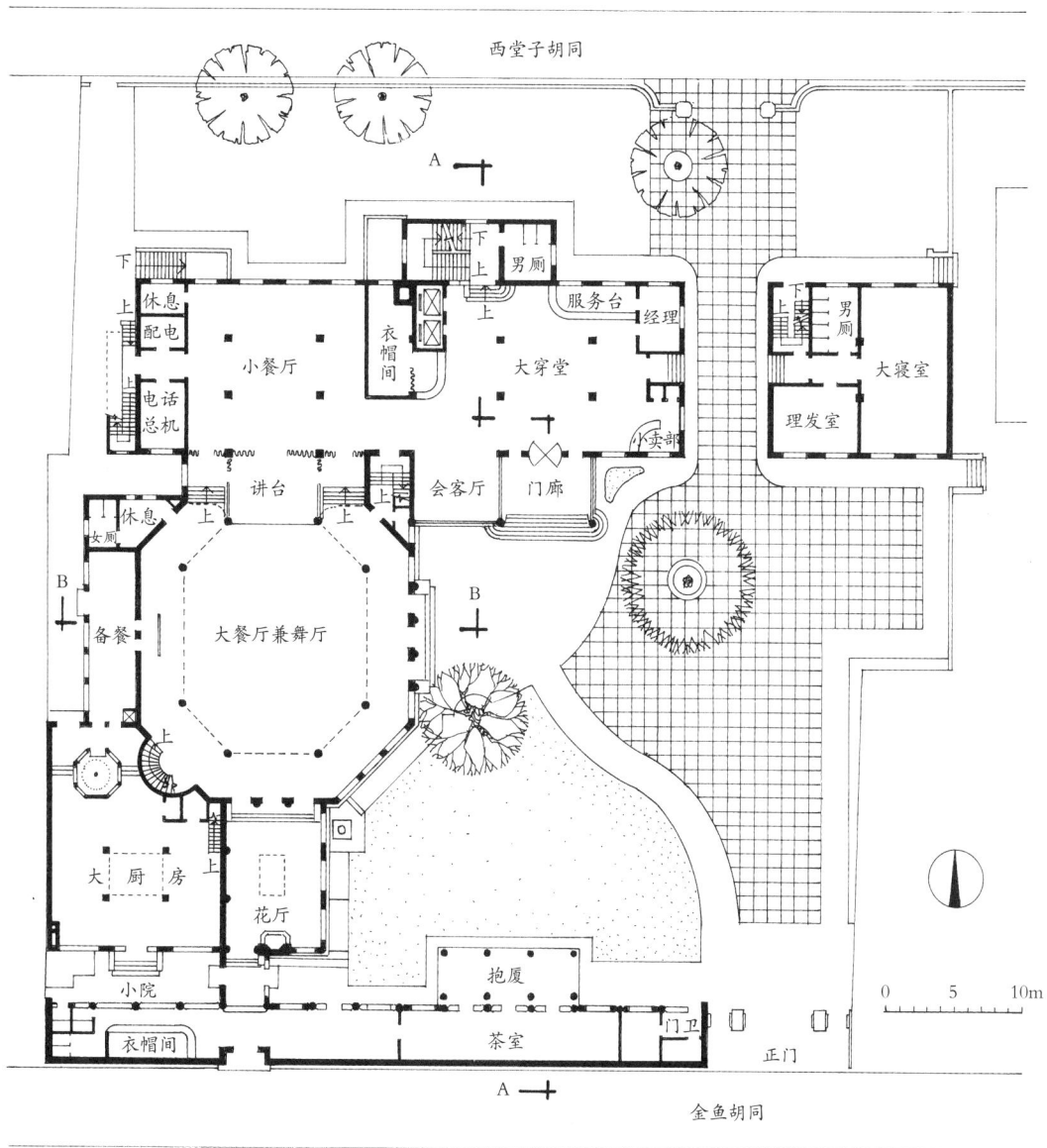

一层平面图

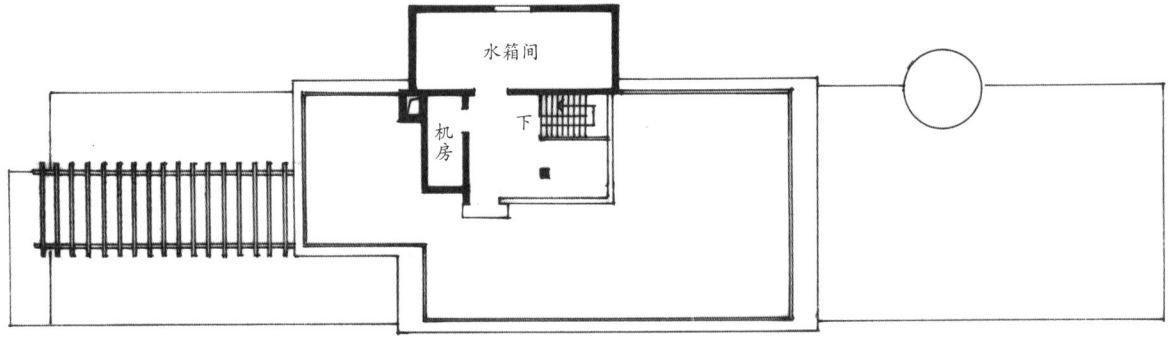

水箱间

机房

下

设备层平面图

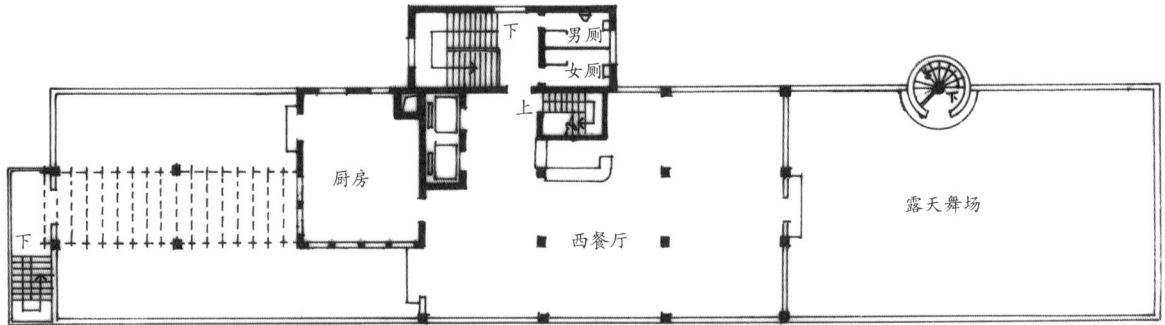

下

男厕

女厕

上

厨房

下

西餐厅

露天舞场

八层平面图

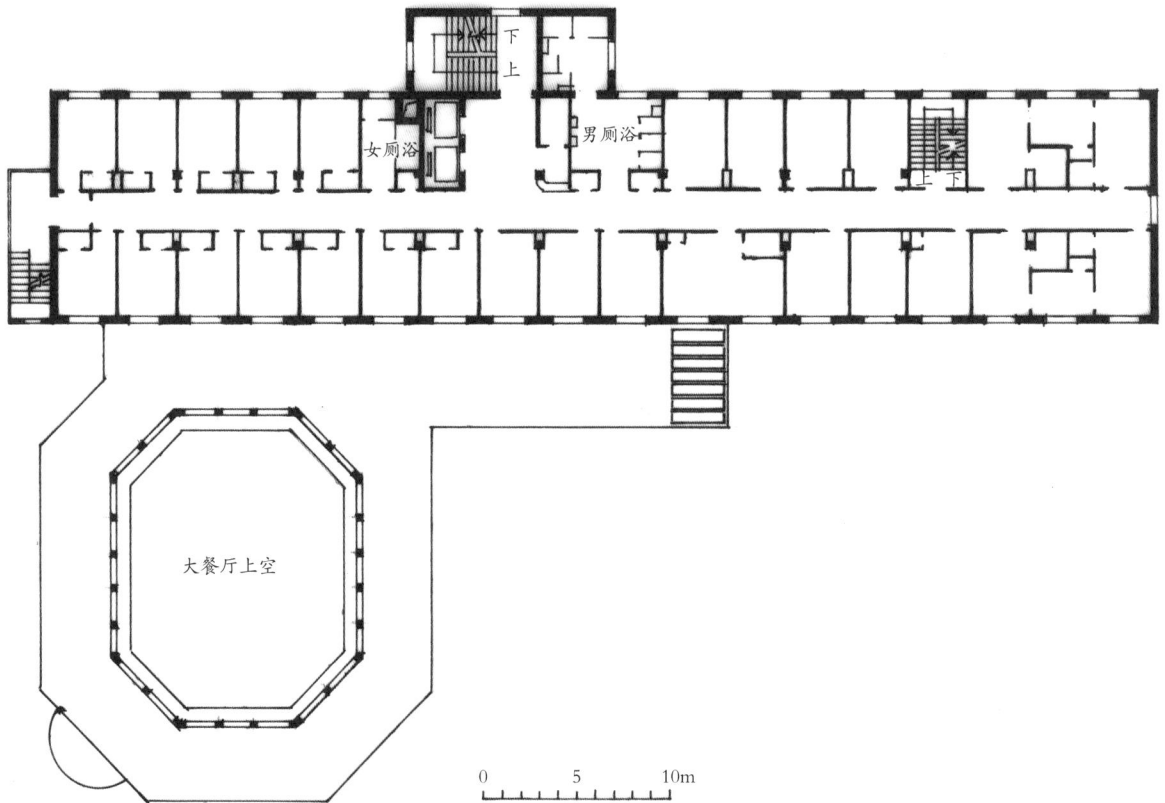

下

上

女厕浴

男厕浴

上 下

大餐厅上空

0   5   10m

二层平面图

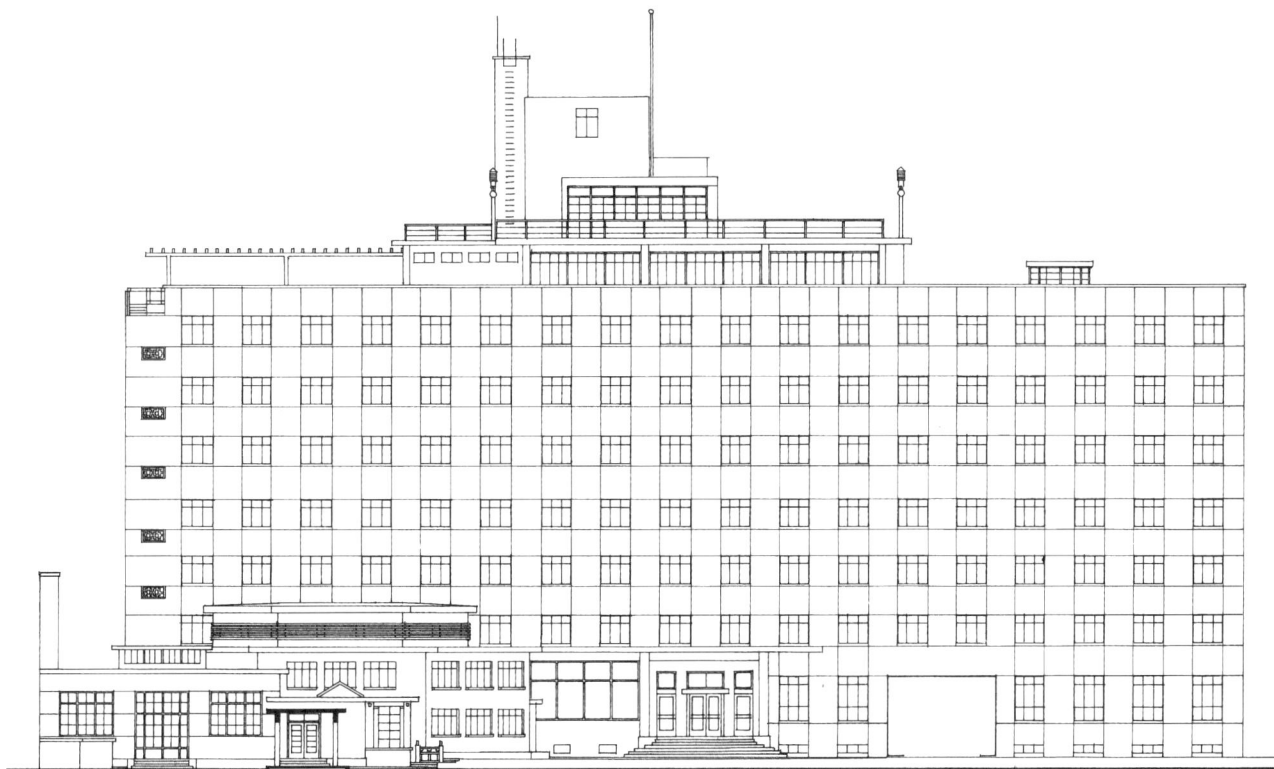

南立面图

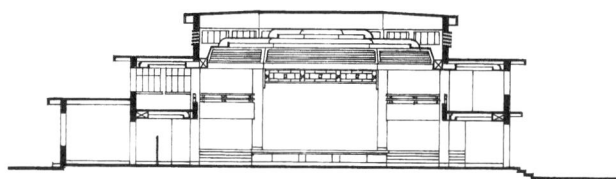

B-B 剖面图

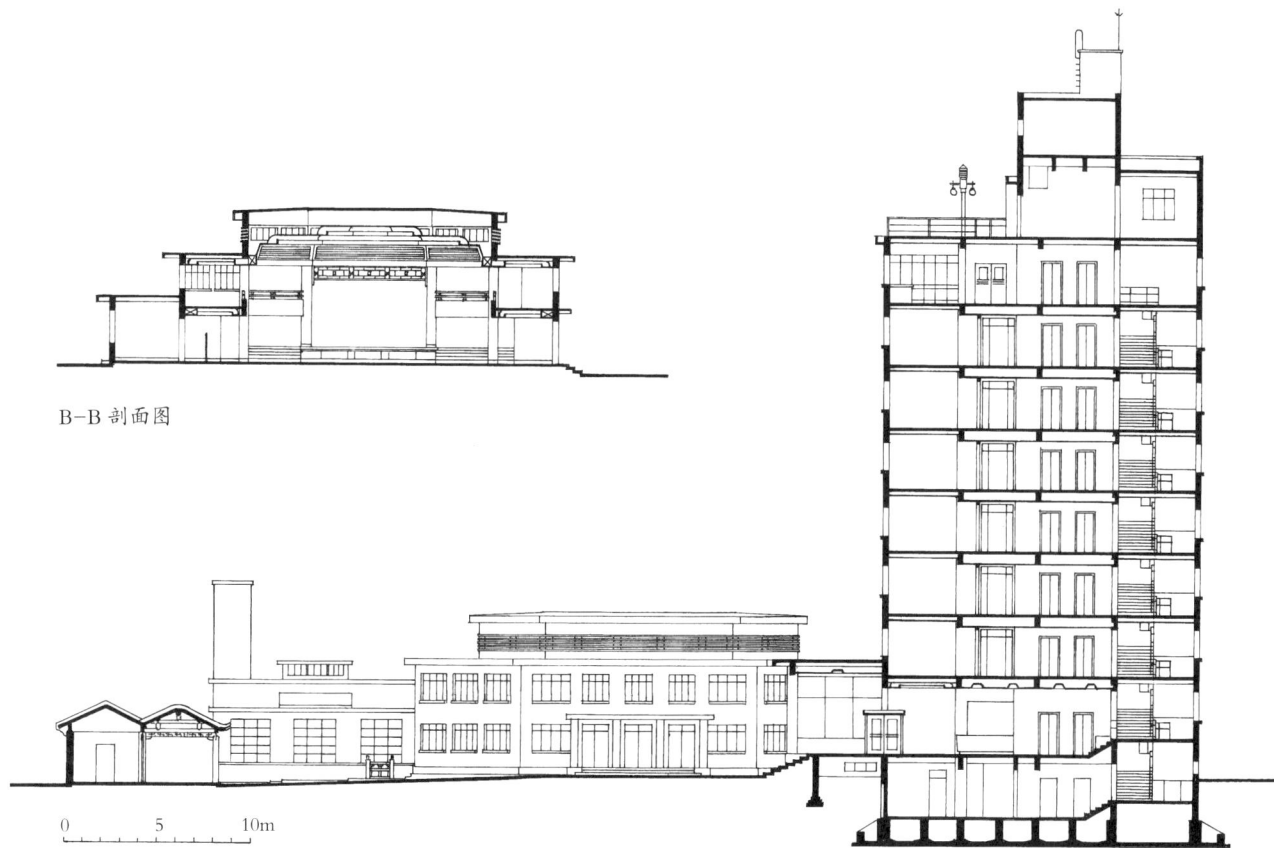

0　　　5　　　10m

A-A 剖面图

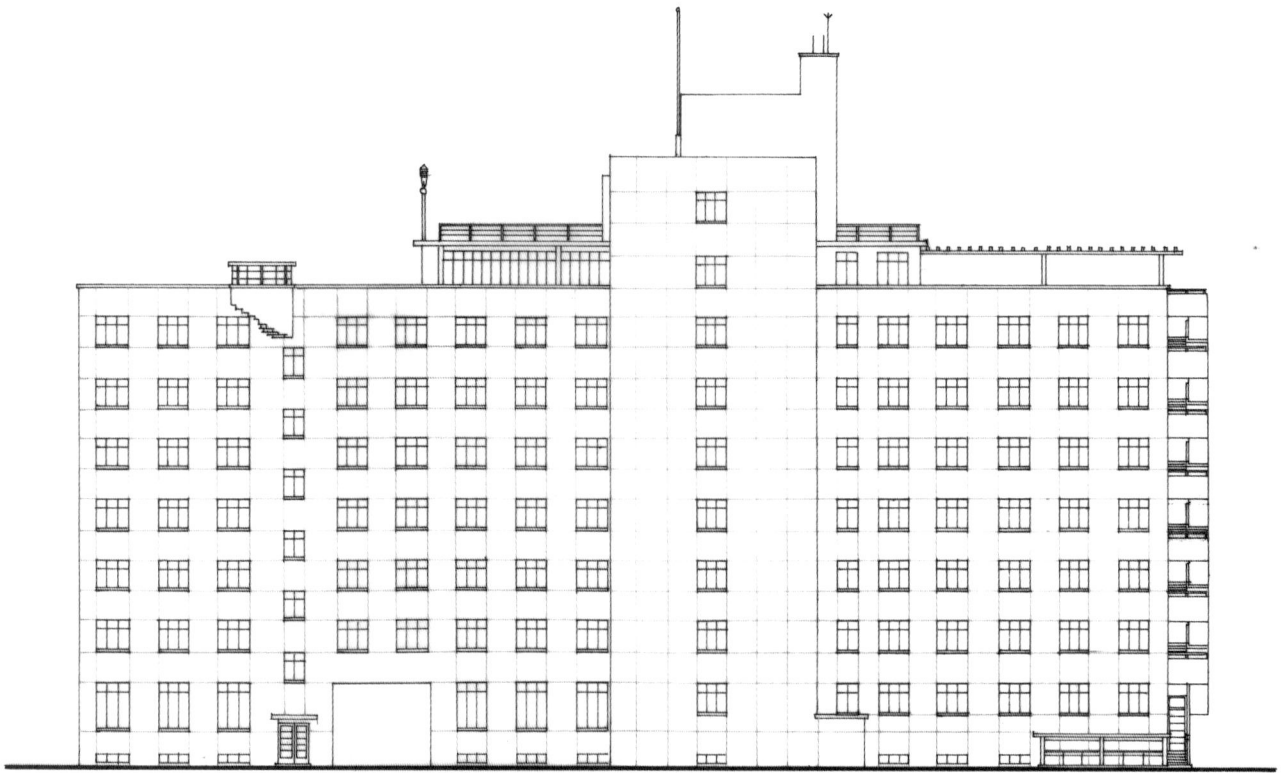

北立面图

大餐厅上空

下　夹层

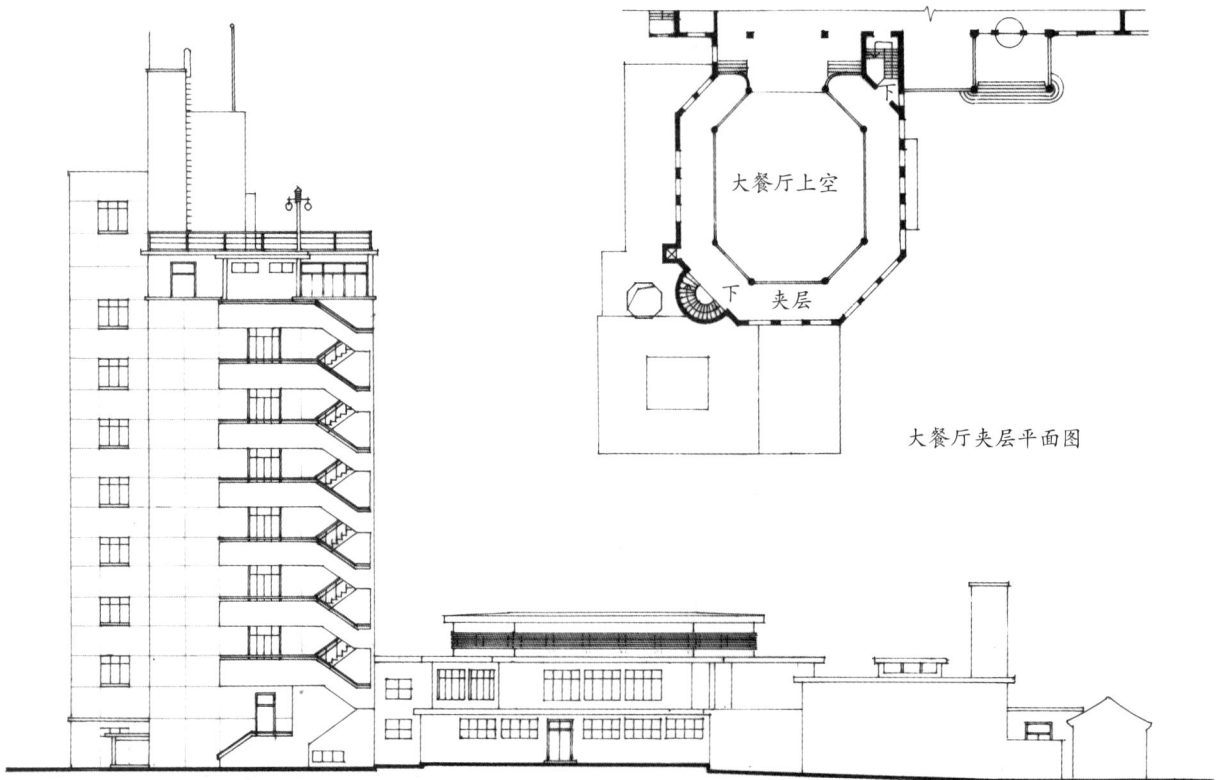

大餐厅夹层平面图

西立面图

92. 北京中华工商业联合会办公楼（1951 年）

　　该办公楼位于北京东城区北河沿大街 93 号，建于 1952 年，现为全国工商联医药业商会、中国工商杂志社使用。

　　办公楼占地 4 800 平方米，建筑面积 4 000 平方米，高 3 层，局部 4 层。主体建筑坐西面东，平面为"H"形。为避免东西晒，南北两翼尽量伸延长度，使多数房间获得良好朝向和通风条件。建筑主入口位于前院中央，拾级而上穿过门廊进入一层门厅，正对位于后院的礼堂，其余办公用房皆布局在中廊两侧。

　　建筑外观为平屋面，挑檐下饰简化斗栱，窗间为青砖墙勾缝，窗下做水刷石饰面。窗台、窗上沿外凸线脚周边交圈，其造型舒展亲和。

1. 透视渲染图

2. 入口门廊旧照

3. 围墙门灯旧照

4. 街立面外景

5. 入口院落景观

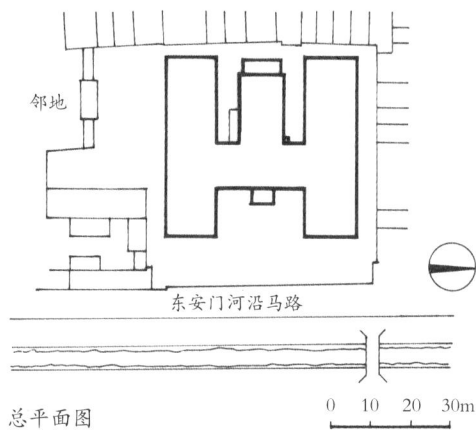

邻地

东安门河沿马路

总平面图

0 10 20 30m

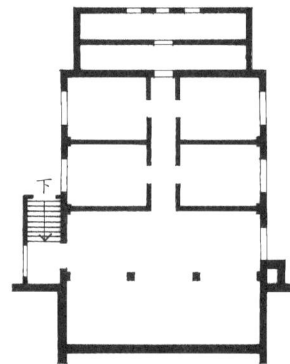

半地下室平面图

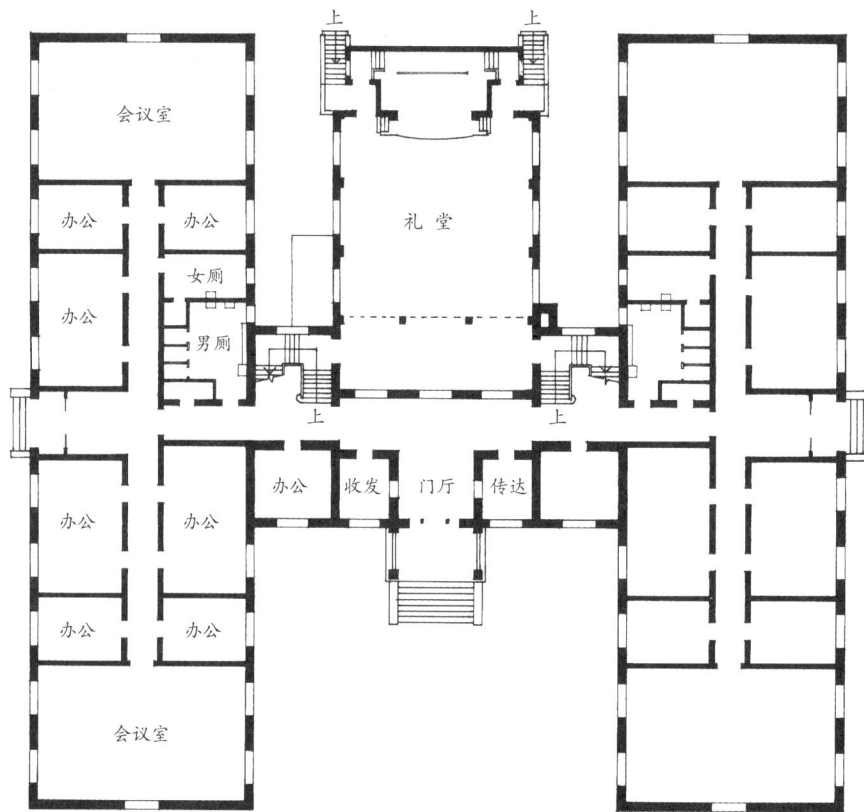

下

会议室

办公　办公

办公

女厕

男厕

办公

办公

会议室

礼堂

上　　上

上　　上

办公　收发　门厅　传达

一层平面图

0 5 10m

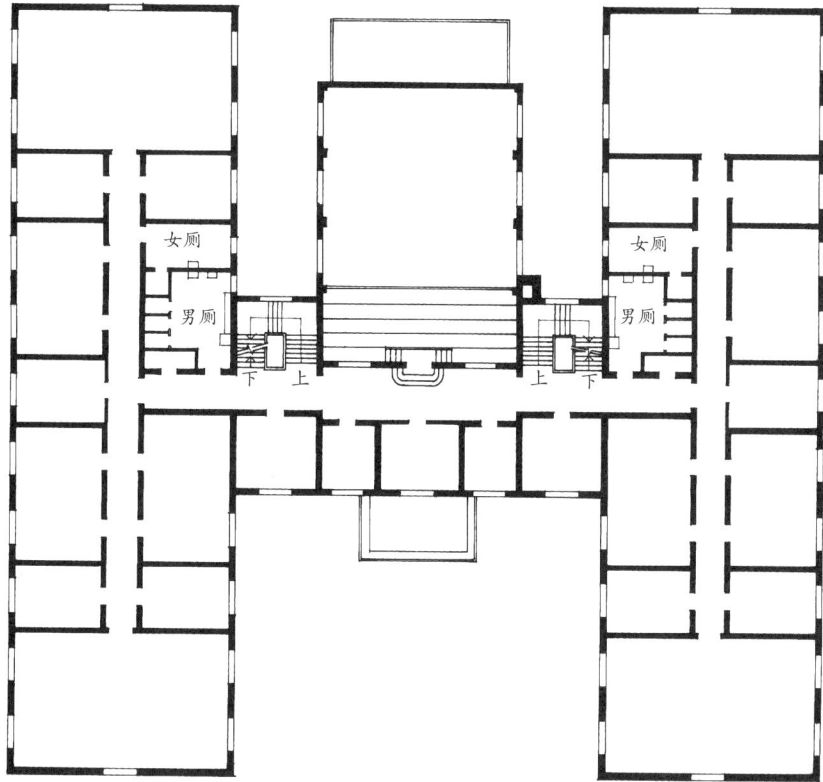

二层平面图

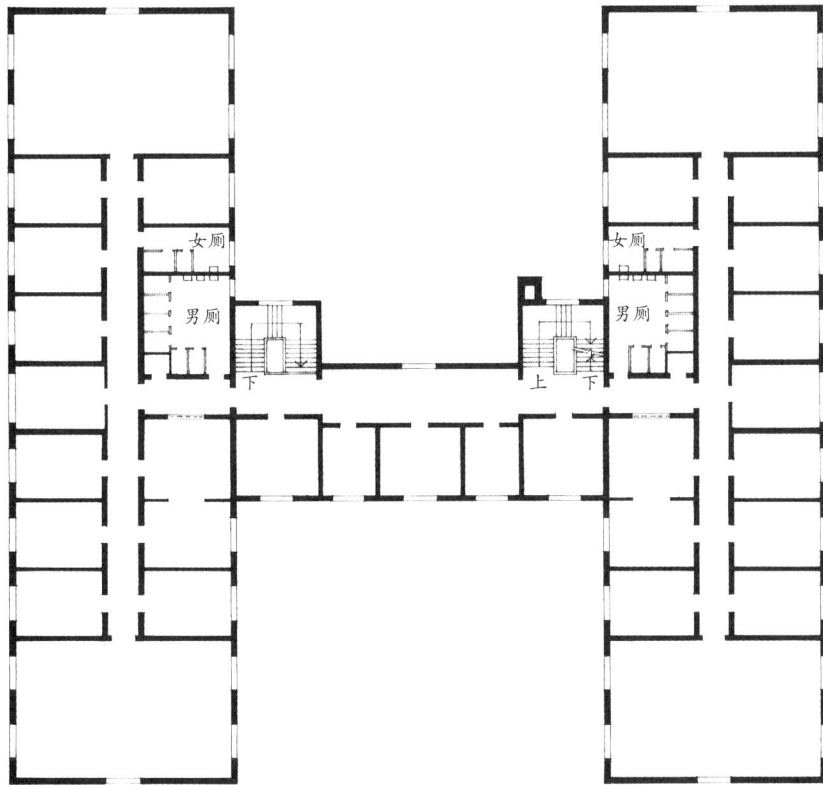

三层平面图

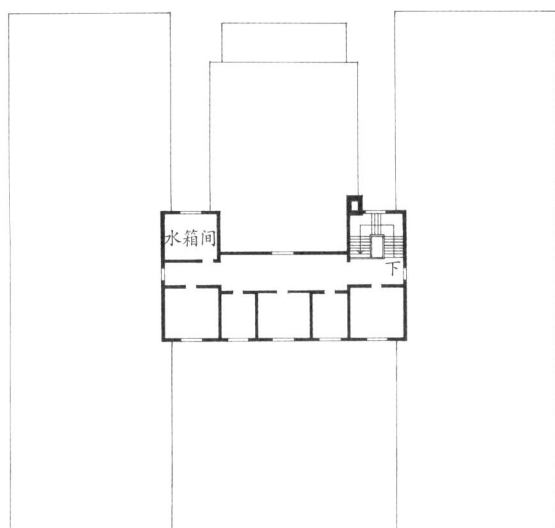

四层平面图

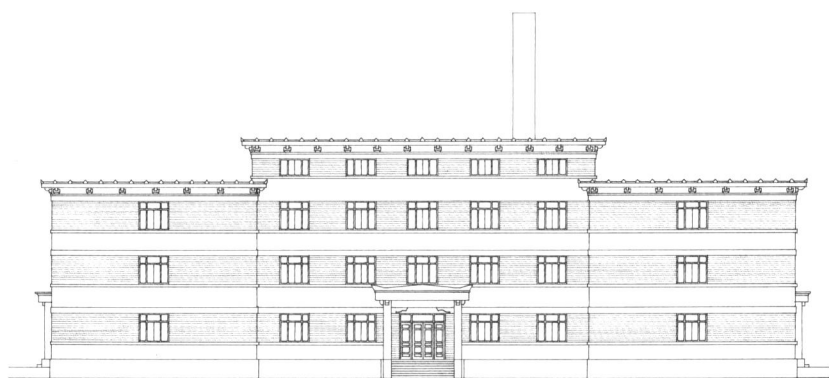

东立面图

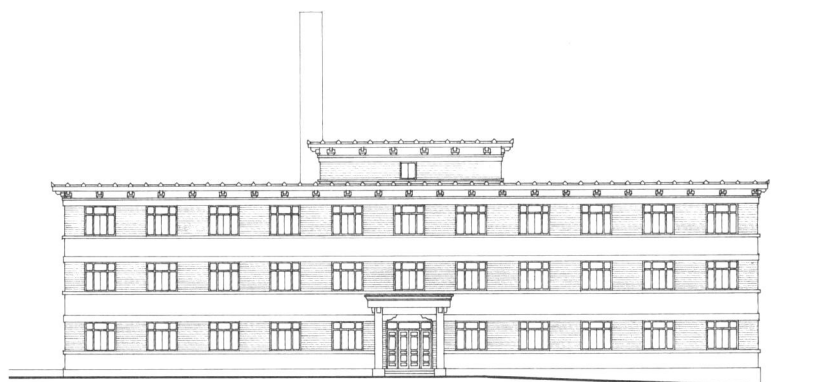

南立面图

0   5   10m

剖面图

93. 南京中华门长干桥改建（1951 年）

　　长干桥位于南京中华门外，跨外秦淮河，是市区联系城南郊外与皖南的重要通道。

　　旧桥始建于南唐，曾屡遭历代战火，多次修缮或重建。1951 年，南京市人民政府决定重修，由杨廷宝设计，是年 6 月建成。桥面由 14 米拓宽至 21.3 米，全长 48.51 米，原五孔砖拱桥墩改为钢筋混凝土梁板结构。桥头设有墩厚古朴的灯柱，正桥两侧为回纹花饰石栏板。第一任市长刘伯承题写桥名。

　　1975 年，长干桥因汛期排洪仍不顺畅再度扩建，原貌已不复存在。

1. 刘伯承题字

2. 侧景旧照

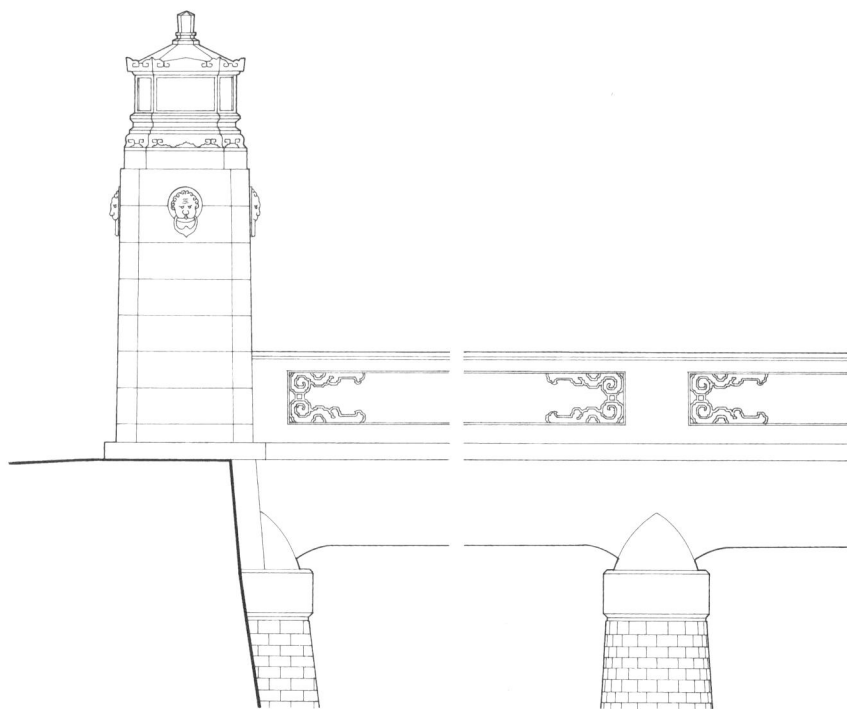

西立面图

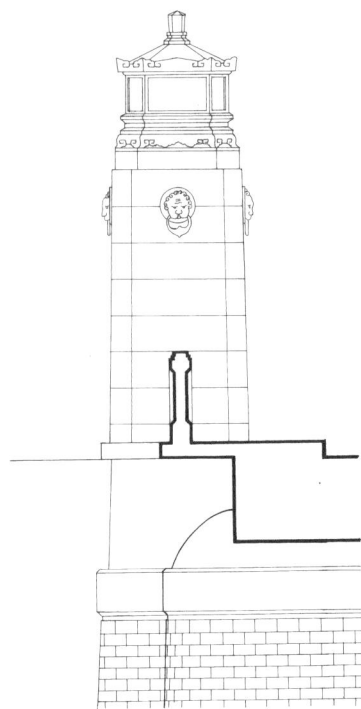

0　0.5　1m

剖面图

94. 北京王府井百货大楼（1953年）

百货大楼位于北京东城区王府井大街 255 号，是新中国成立后北京建造的第一座大型百货零售商店，被誉为"新中国第一店"。1953年由杨廷宝主持初步方案设计，指导建筑设计，北京建筑设计院巫敬桓等最后完成施工图设计，结构由杨宽麟主持，兴业投资公司承建。1954 年 5 月动工，1955 年 9 月开业。

总平面根据地形呈长方形，建筑后退王府井大街近 20 米，保留原有两株榆树构成楼前广场。大楼主体 4 层，门面中部 6 层。一至三层为营业大厅，四层以上为内部办公等用房。大楼后部地下室为货栈。总建筑面积 21 508 平方米，其中，营业厅面积 9 740 平方米。

大楼结构采用现浇钢筋混凝土框架，柱网为 7.5 米 ×7.5 米。营业大厅南北两侧安排四组供顾客使用的大楼梯，以利于均匀分配顾客人流。

建筑外形及细部装修采用民族传统处理手法，对北京市后来的建筑形式有较大的影响。

1. 入口墙壁上的铜牌

2. 1955年9月开业时的北京市百货公司王府井百货商店全景

3. 东入口大门

4. 东侧大门厅内景

5. 1999 年新建北部商业楼时出新后的百货大楼

6. 20 世纪 50 年代后的营业厅内景一

7. 20 世纪 50 年代后的营业厅内景二

8. 入口通长雨棚

9. 墙面装饰细部

10. 母子休息室入口

11. 2004 年内部升级改造后的内景

12. 一层天花板内景

13. 南侧边门厅

14. 大理石扶梯

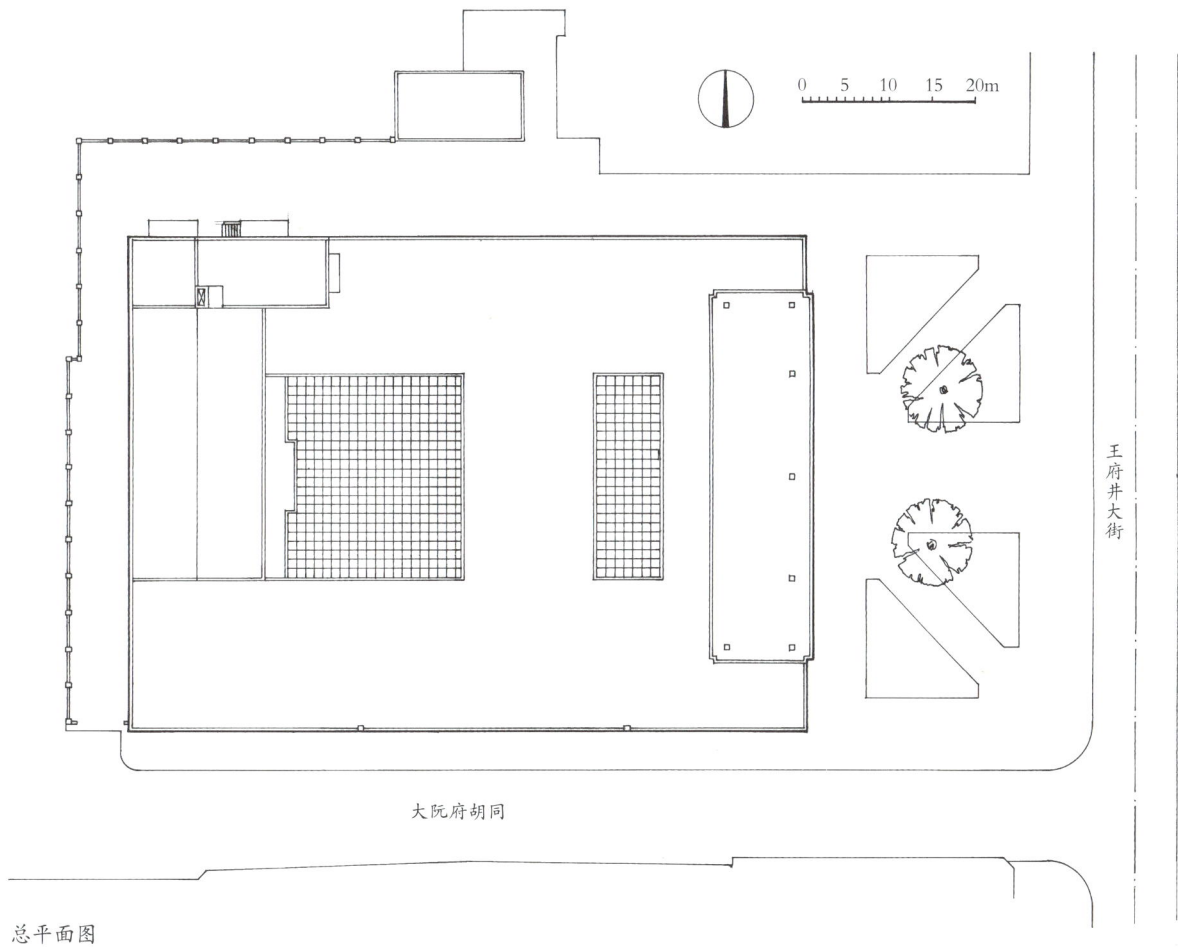

总平面图

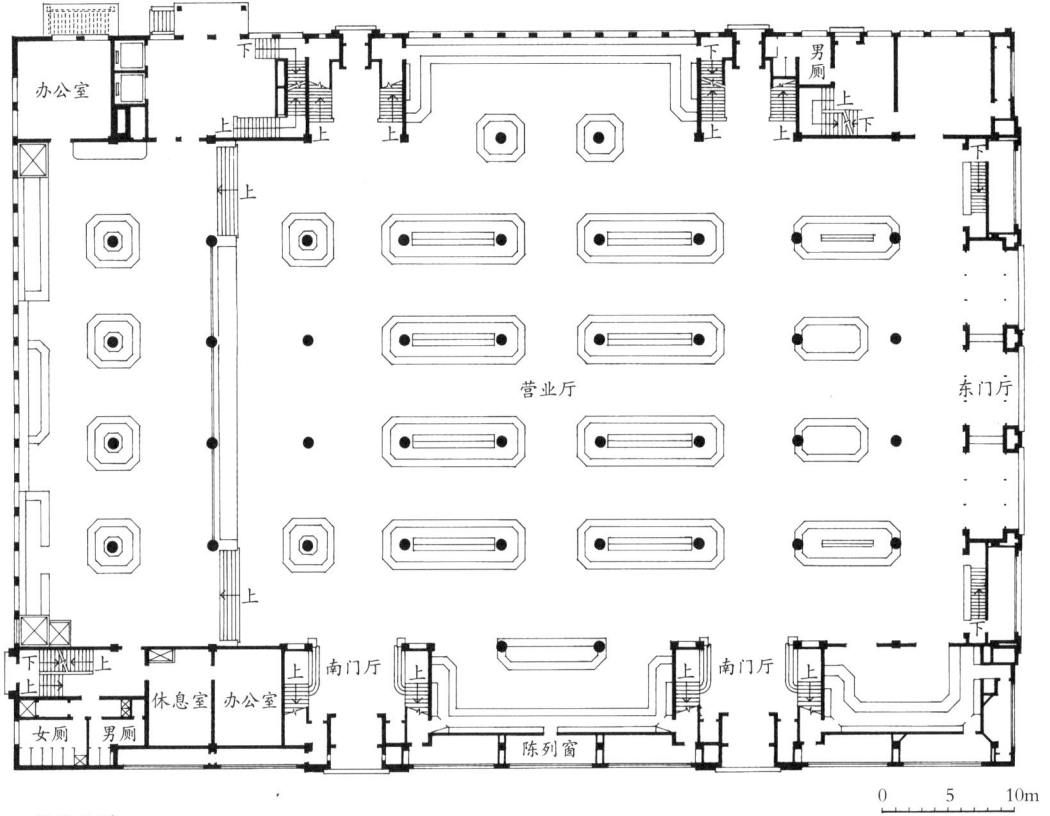

办公室

营业厅

东门厅

男厕

休息室 办公室

南门厅

南门厅

女厕 男厕

陈列窗

0 5 10m

一层平面图

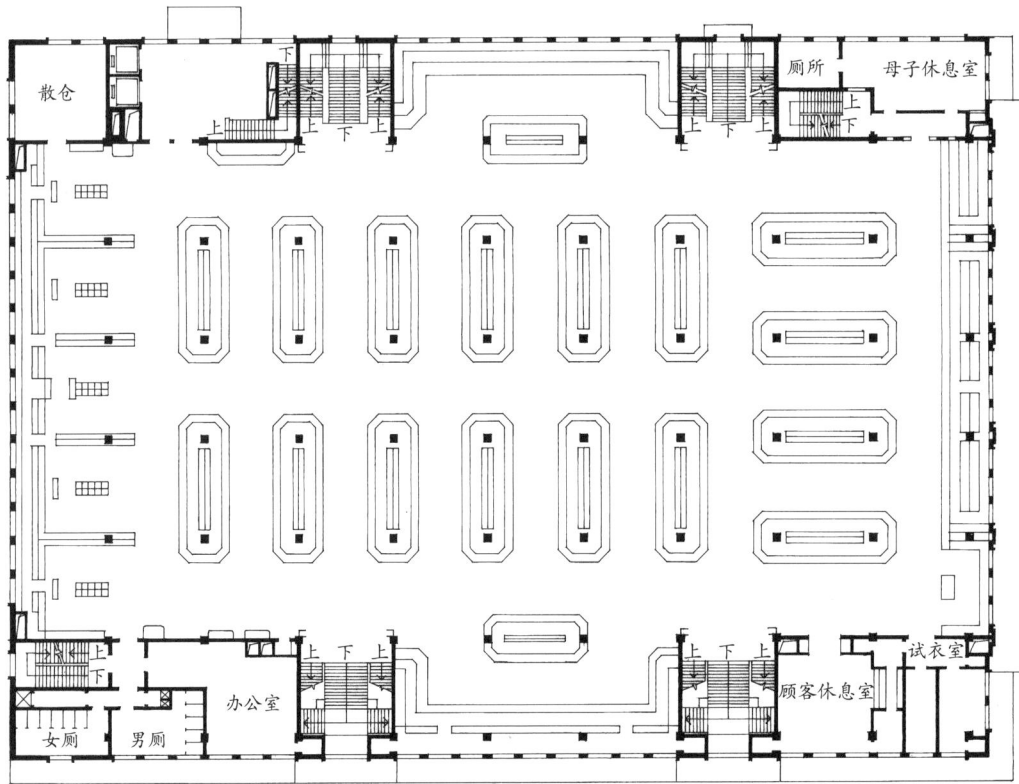

散仓

厕所

母子休息室

试衣室

顾客休息室

办公室

女厕 男厕

二层平面图

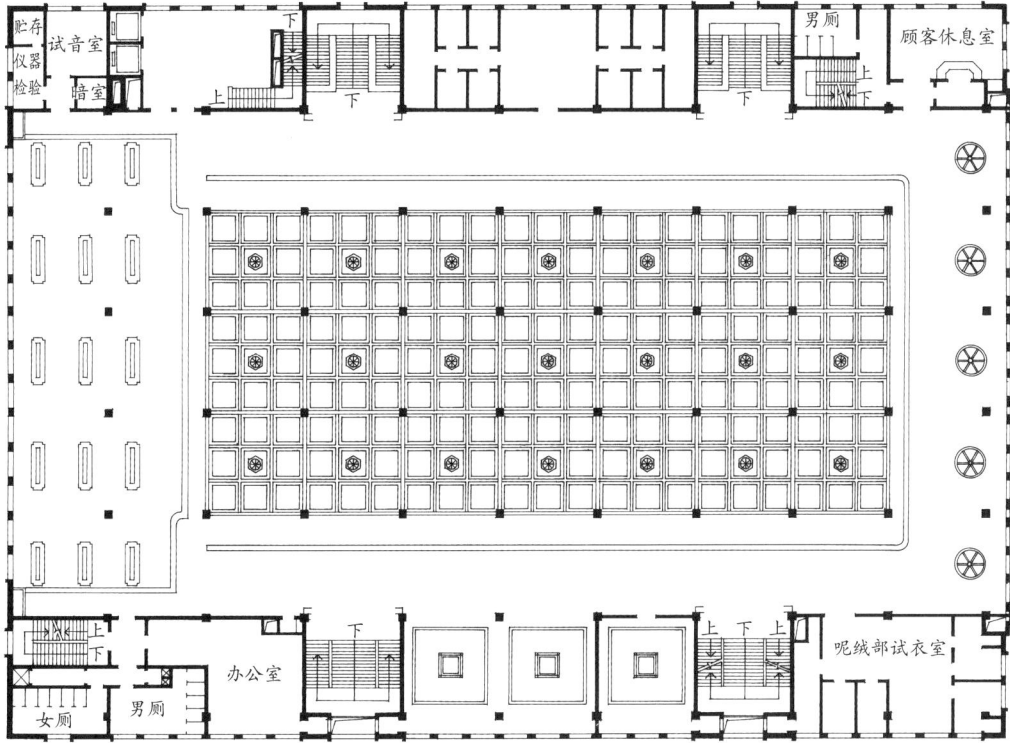

三层平面图（中部营业厅为天花平面图）

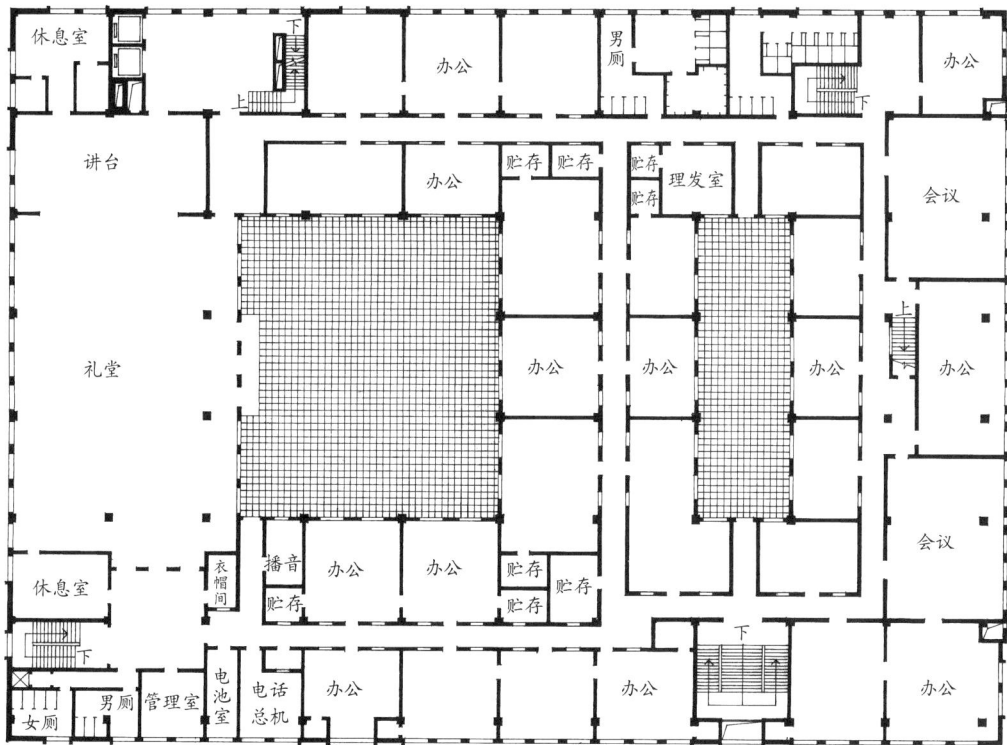

四层平面图

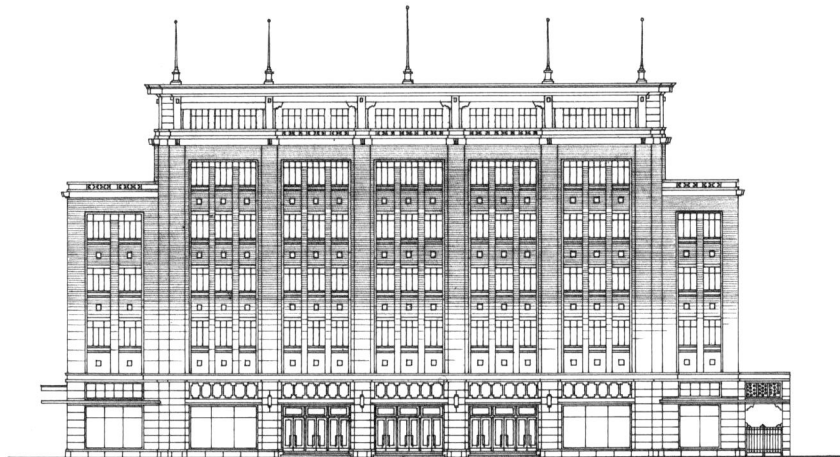

东立面图

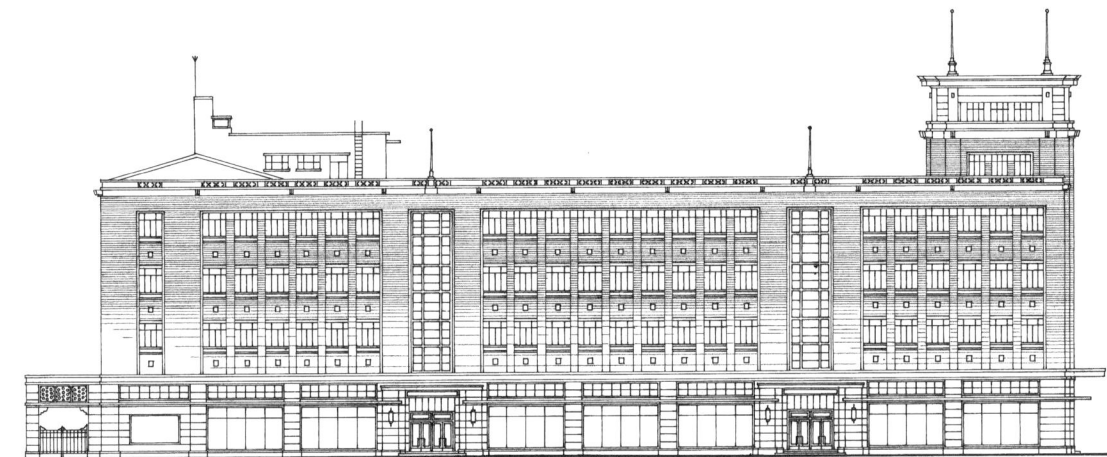

南立面图

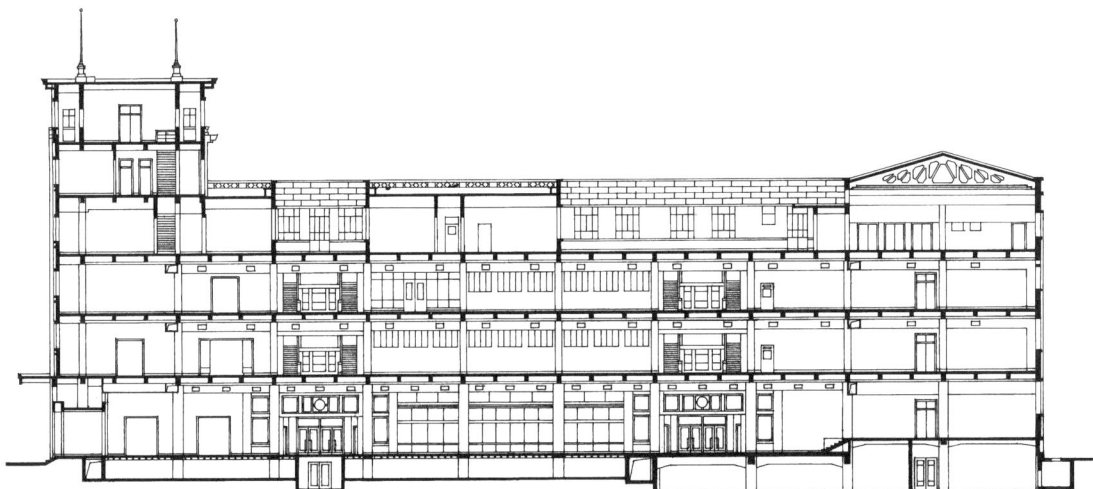

剖面图

0　　5　　10m

95. 南京华东航空学院教学楼（1953年）

华东航空学院教学楼位于南京玄武区卫岗1号，今南京农业大学校园内。于1953年在杨廷宝主持下由南京工学院建筑系师生和土木系教师设计完成。

该教学楼平面在"一"字形的基础上，间隔布局4个垂直于教学楼主体的大教室，其间形成绿化内院。教学楼由1至3层体量组合而成，随地形起伏做地面高差变化，以减少填、挖土方的工程量。建筑面积约3 767平方米。

建筑外观采用不对称构图，主要入口立面在三层顶部立三开间中国传统牌坊，在入口一侧楼梯顶部设重檐十字脊绿色琉璃屋顶（内藏水箱）。教室部分均为平屋顶、绿色琉璃披檐。栏杆全部为仿清式寻杖栏杆，外加抱鼓石。外墙面一层部分为水泥砂浆粉面，以上为青砖清水砌筑，勾缝棱角锐挺。檐下"颈部"以水泥粉出额枋、柱头、霸王拳等传统装饰纹样，制作工艺精湛，细部耐人寻味。

1. 1954 年建成时的外景旧照

2. 教学楼南面外景

3. 大教室外景

4. 北入口外景

5. 北立面侧景

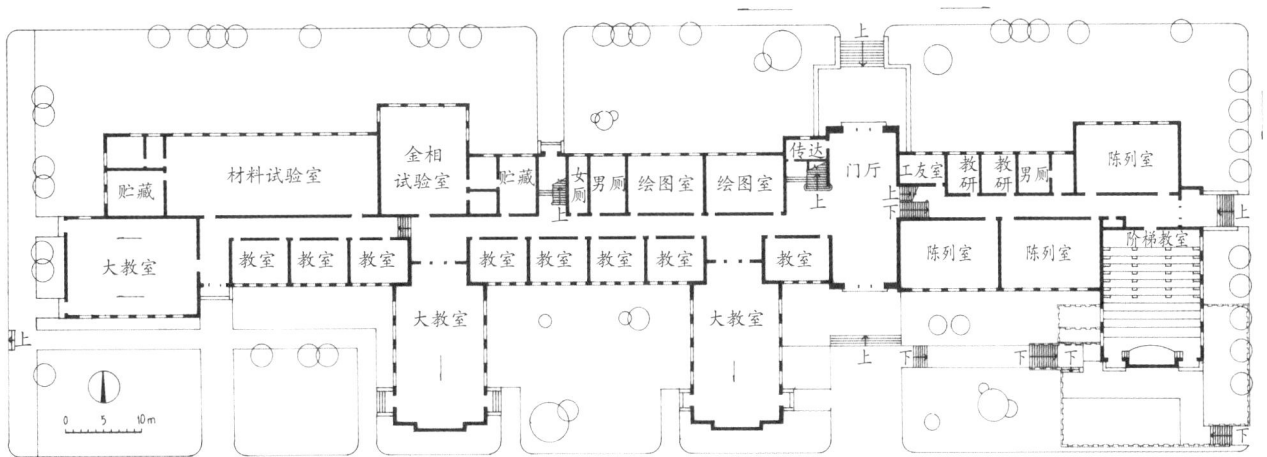

一层平面图

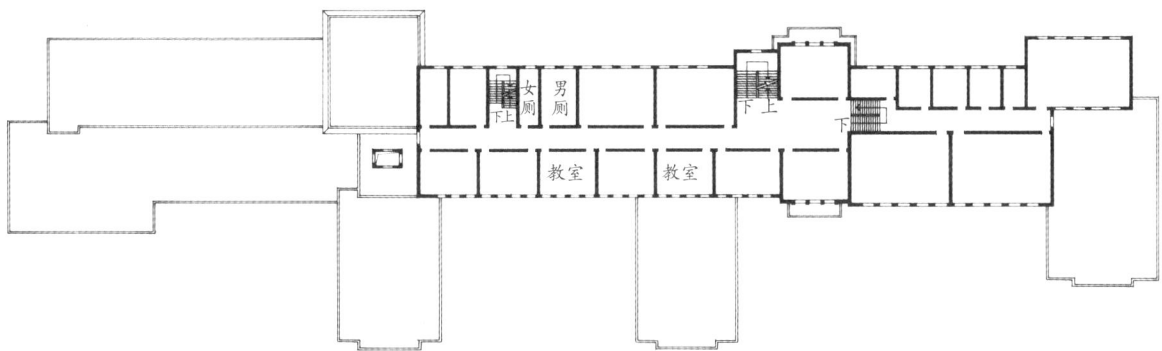

二层平面图

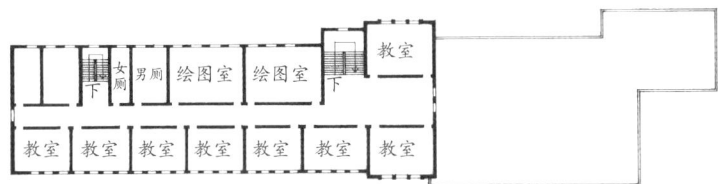

三层平面图

一层平面图内标注：贮藏　材料试验室　金相试验室　贮藏　女厕　男厕　绘图室　绘图室　传达　门厅　工友室　教研　教研　男厕　陈列室　大教室　教室　教室　教室　教室　教室　教室　教室　教室　大教室　大教室　陈列室　陈列室　阶梯教室

二层平面图内标注：女厕　男厕　教室　教室

三层平面图内标注：女厕　男厕　绘图室　绘图室　教室　教室　教室　教室　教室　教室　教室　教室

0　5　10m

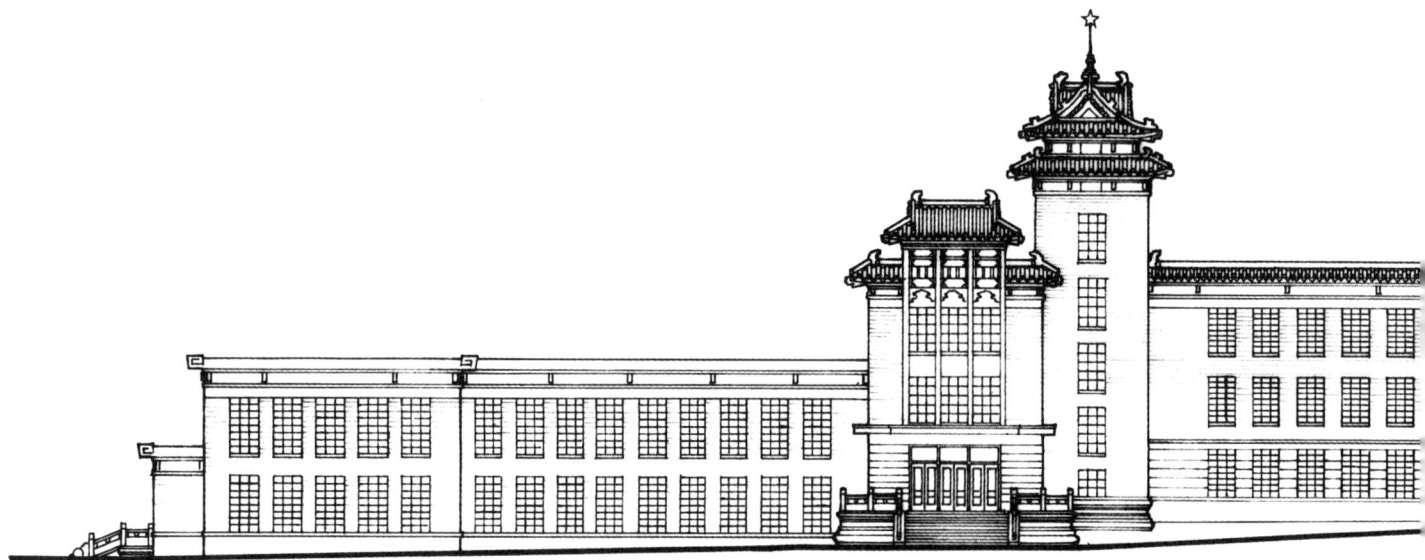

北立面图

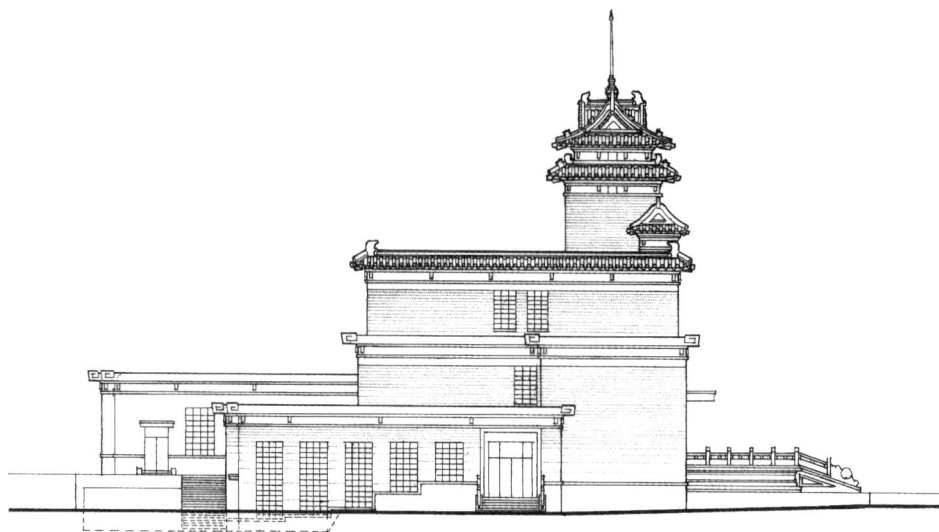

东立面图

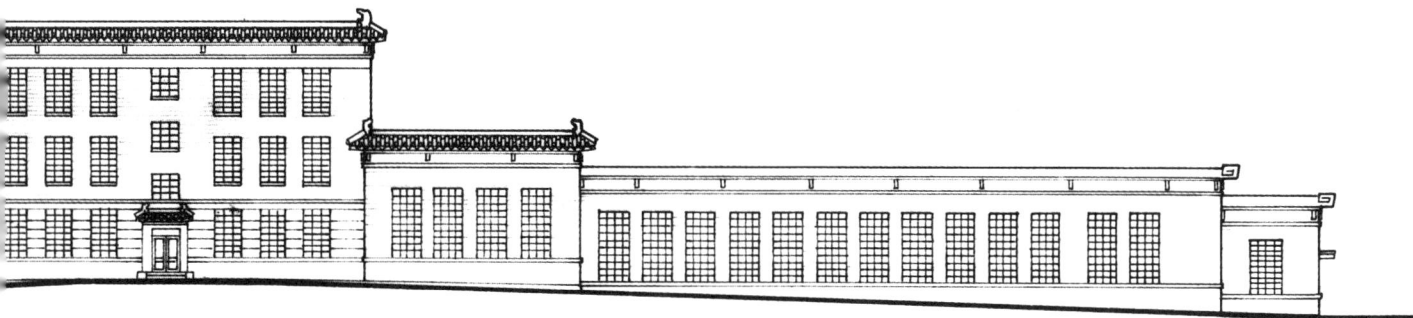

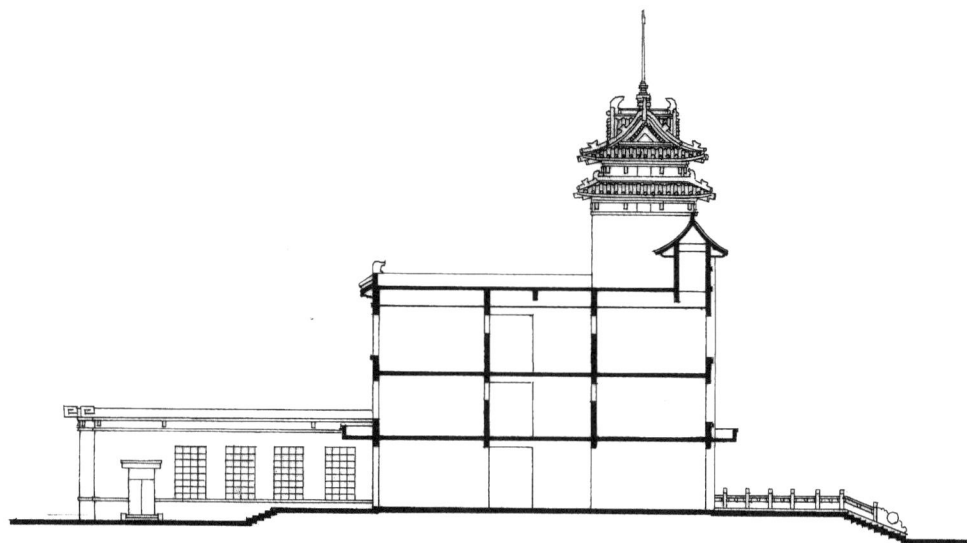

剖面图

0 5 10m

96. 南京大学东南楼、西南楼（1953年）

东南楼和西南楼（平面形式相同）分别位于南京大学校园教学主楼前东西轴线两端，并与校园主轴线南北两端的校门和主楼围合成"T"形校园绿化广场。

该教学楼于 1953 年设计建造，由杨廷宝主持、指导南京工学院建筑系、土木系部分师生共同参加完成设计工作。

东南楼平面呈"工"字形，高 3 层，主入口面向西，结合地形，西北高、东南低，由室外大楼梯直达二层。各层大、小教室布置在中廊两侧。

建筑外观为三段式立面：一层墙基为水刷石简化须弥座式样，中段墙身青砖勾缝，上部为歇山顶，檐下略去斗栱，出梁头，额枋处以阴线角示意装饰图样。大门稍加修饰门套而非强调体量以突出主入口。这些设计手法恰当表达了东南楼在校园中的配角地位，是设计者出众的环境意识和古典建筑修养的体现。

1. 俯视东南楼全景旧照

2. 教学楼中部外景

3. 中部入口

4. 东南楼一角

5. 主入口大台阶石栏杆

6. 正视主入口外景

7. 教学楼西端外景

8. 北面次入口外景

9. 东、西边门

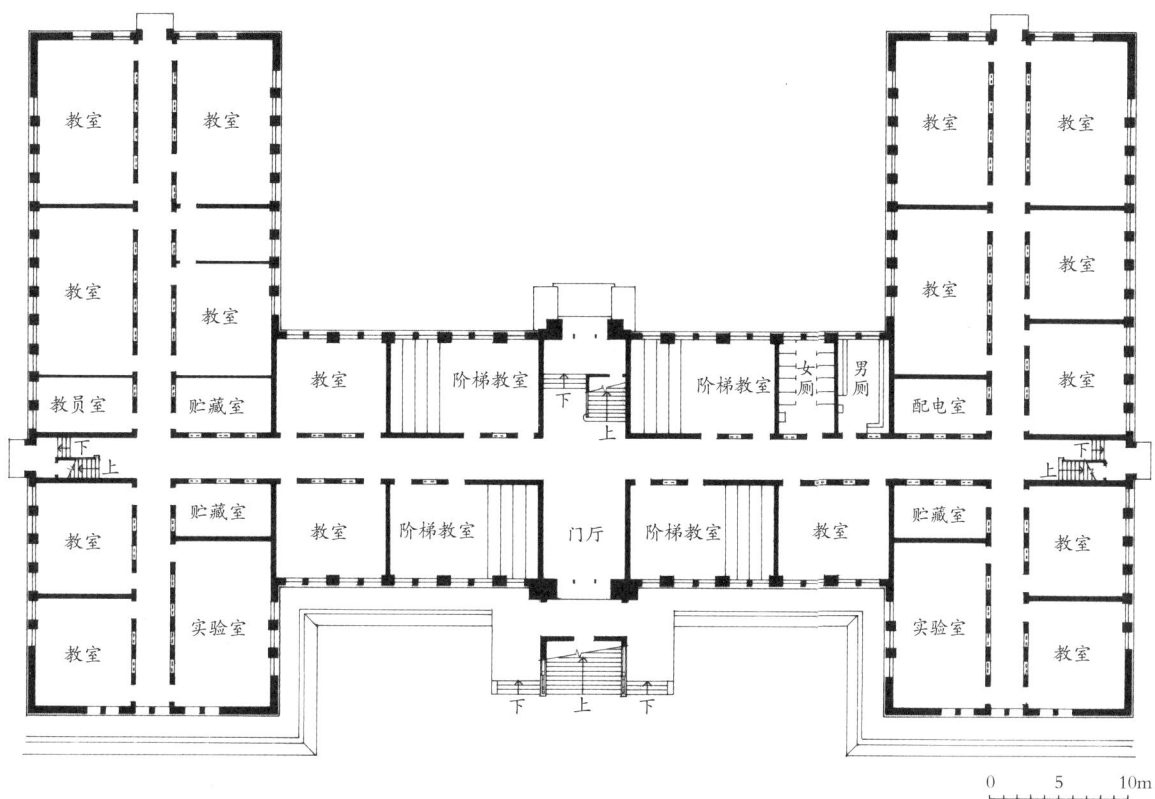

杨廷宝全集·二 —— 96.南京大学东南楼、西南楼（1953年）

一层平面图

教室　教室
教室　教室
教员室　贮藏室　教室　阶梯教室　阶梯教室　女厕　男厕　配电室　教室
教室　贮藏室　教室　阶梯教室　门厅　阶梯教室　教室　贮藏室　教室
教室　实验室　实验室　教室

下　上　下　上　下　上　下　上　下　上

0　5　10m

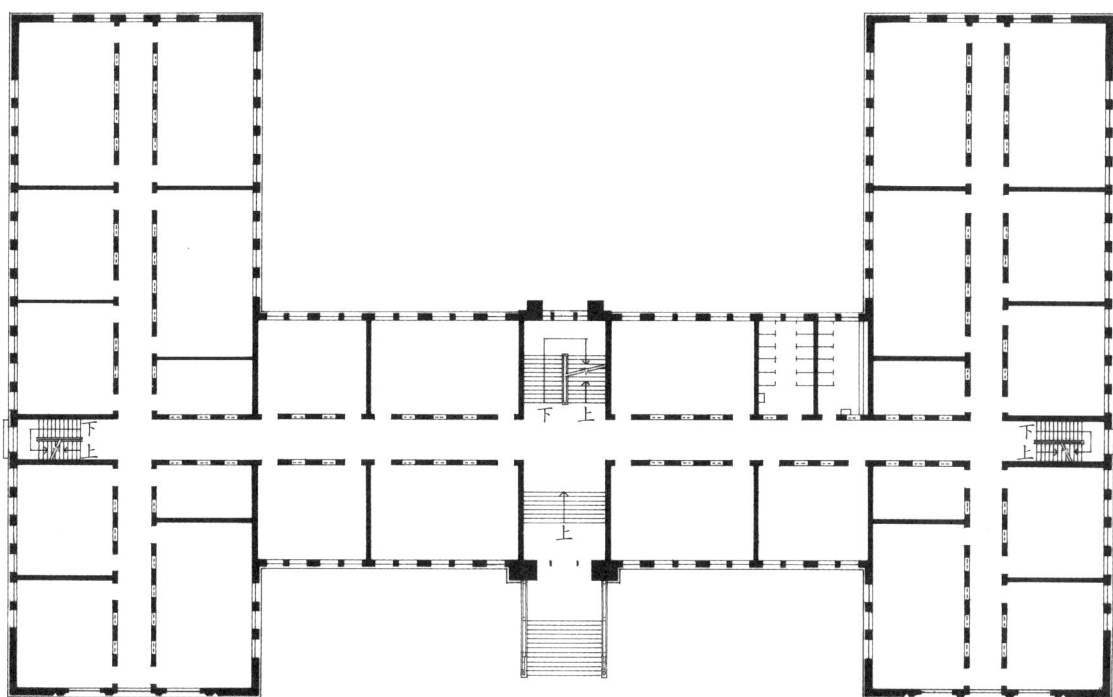

二层平面图

下　上　下　上　下　上　上

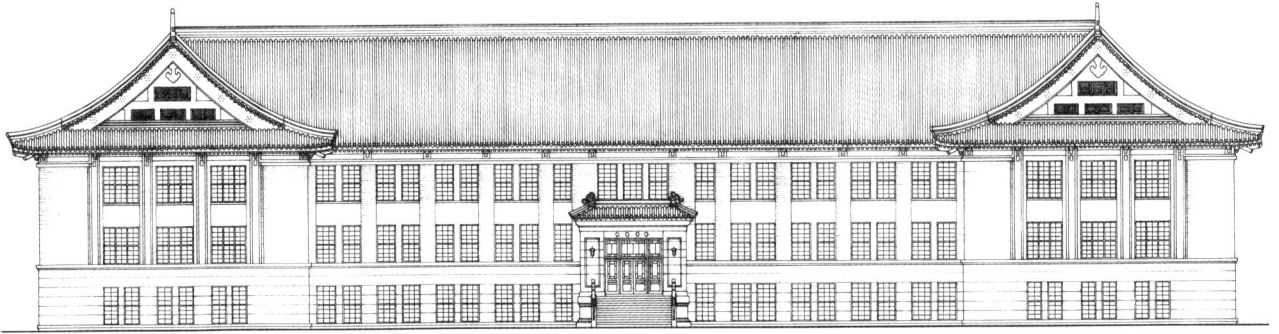

西立面图

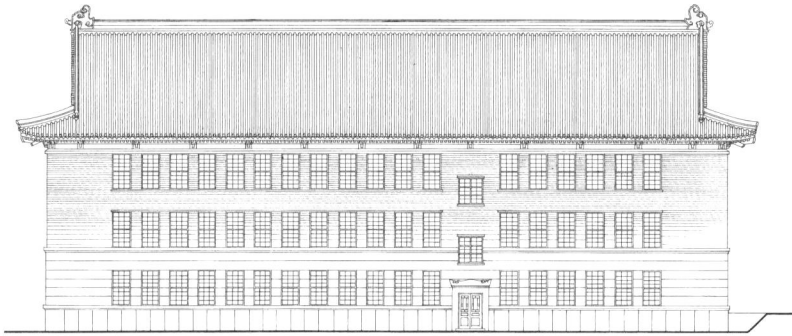

立面图

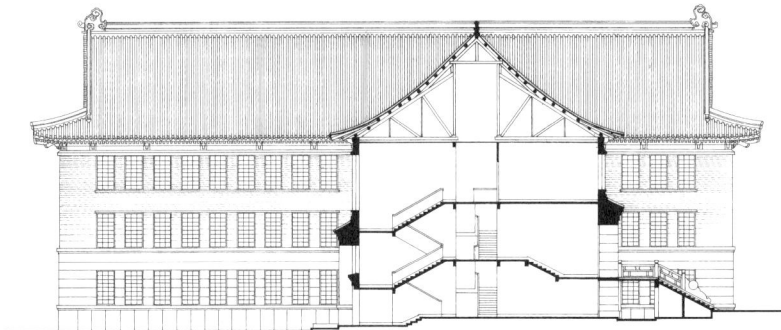

剖面图

0 5 10m

97. 南京工学院校园中心区规划设想（1954年）

　　南京工学院在其前身国立中央大学、东南大学时期，先后建成图书馆、大礼堂、生物馆（今中大院）、科学馆（今江南院）、南大门等主要早期建筑，形成校园中心区布局的现状。

　　中华人民共和国成立后，学校办学规模逐年扩大，校园绿化逐渐减少。因此，20世纪50年代中期，杨廷宝先生即提出校园中心区规划设想：学校应有一个宁静而富于文化的环境，注意学校历史地位和建筑风格，有计划地发展和布置校园建筑，使新老建筑有较为统一的格调和完整的校园中心。这一规划设想突出表现在杨廷宝先生对新图书馆位置和体量的考虑上，其位置应避开老图书馆的正面不予遮挡，使新老图书馆前的草坪与校园主轴线东侧的中大院前草坪相呼应，以形成主轴线两侧外部空间的对称感和均衡感。主轴线在大礼堂背后可向北延伸，但建筑高度不宜超过大礼堂。遗憾的是，这一规划设想在实施中未能实现。

1. 国立中央大学校园中心区总立面。左起：图书馆、大礼堂、生物馆、科学馆（理学院）、印刷厂、新教室（工学院）

2. 国立中央大学校园中心区早期建筑南向鸟瞰。1-大礼堂；2-生物馆；3-图书馆；4-科学馆（理学院）；5-前工院（工学院）；6-东南院（法学院）；7-中山院（文学院）；8-南校门

3. 国立中央大学校园中心区景观。中为大礼堂，左为孟芳图书馆，右为生物馆

4. 国立中央大学校园中心区早期建筑北向鸟瞰。
左为孟芳图书馆；中为大礼堂；右前为中山院；
右中为生物馆；右后为科学馆

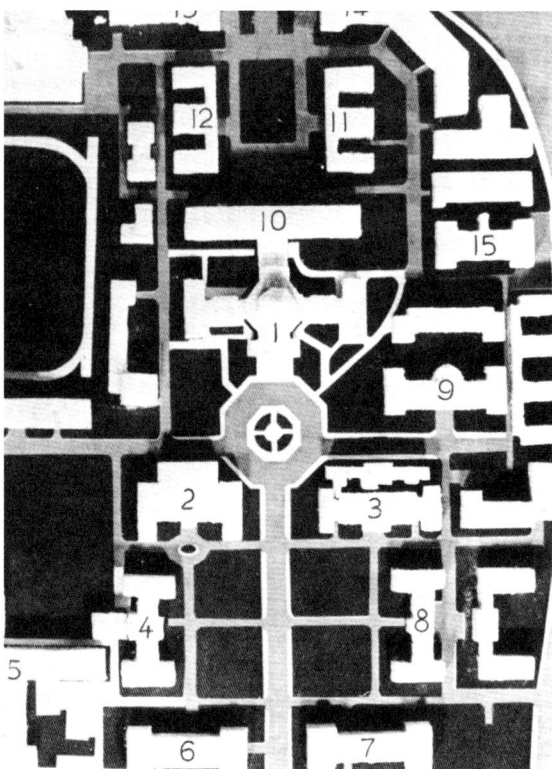

1. 大礼堂
2. 图书馆
3. 中大院
4. 计划扩建图书馆
5. 动力楼
6. 五四楼
7. 中山院
8. 计划拟建教学楼
9. 江南院
10. 新建中心大楼
11. 实验楼
12. 拟建实验楼
13. 土木系教学楼
14. 五五楼
15. 金陵院

5. 南京工学院校园中心区规划设想

6. 校园中轴线南端（校门）环境景观

7. 校园中轴线北端（大礼堂）环境景观

8. 校园中轴线东侧（中大院）景观现状

9. 校园中轴线西侧（新老图书馆）景观现状

1. 南校门
2. 大礼堂
3. 图书馆
4. 中大院
5. 五四楼
6. 中山院
7. 新建中心大楼
8. 五五楼
9. 金陵院
10. 江南院
11. 动力楼
12. 拟扩建图书馆
13. 拟新建教学楼
14. 拟建实验室
15. 实验室

0 50m

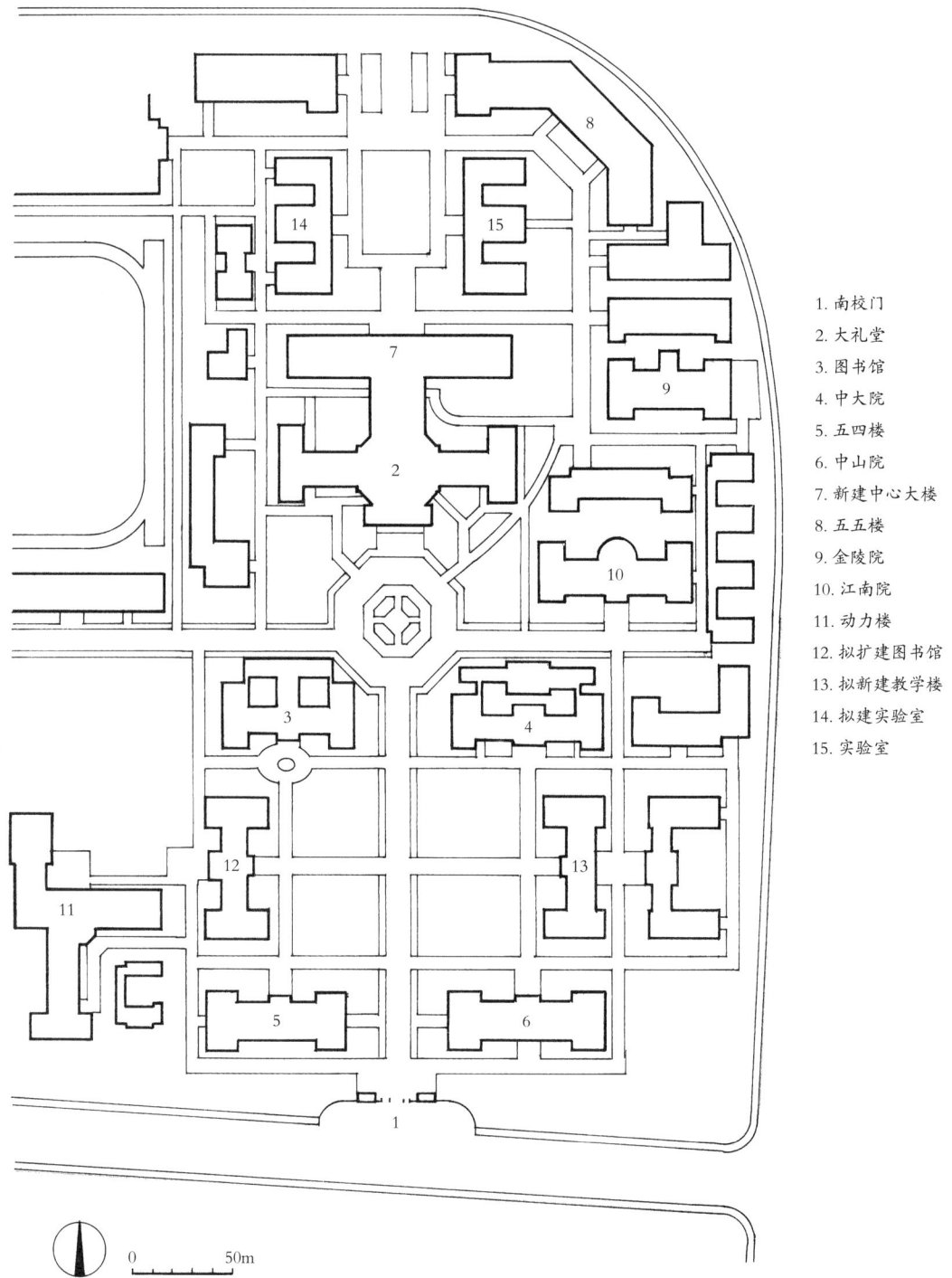

校园中心区规划方案

98. 南京工学院五四楼（1953 年）

　　五四楼（原实验大楼）因建于 1954 年而命名，毗邻南京工学院校园南大门西侧。平面呈"H"形，高 3 层，建筑面积 4 367 平方米。

　　一层平面主入口居中，面北朝校园内，中廊东、西两端各布置 2 个大阶梯教室，中廊中间南向布置 3 个普通教室，北向布置教员休息室、工友室、男女厕所等辅助用房。二层平面中廊东、西两端为 4 个实验室，中间为仪器室、办公室及实验准备室、男女厕所等辅助用房。三层平面东端为大教室，西端为 2 个中教室，中间为图书室、会议室、办公室等教学用房。

　　建筑外观为四坡顶，檐下有霸王拳坊头，额枋阴刻传统装饰纹样。外墙一层基座部分和三层窗下墙为水泥砂浆粉面，横线条划分，勒脚为竖线条划分。二、三层窗间墙为青砖清水勾缝。主次入口门头重点做了艺术处理。

　　该楼结构工程、建筑施工图等由江苏省建筑设计院完成。

　　如今，五四楼为学生处、人事处、财务处等行政办公用房。

1. 1954 年建成时的北向外观旧照

2. 南面沿街景观

3. 北面临校园景观

4. 东立面外景

5. 北入口造型

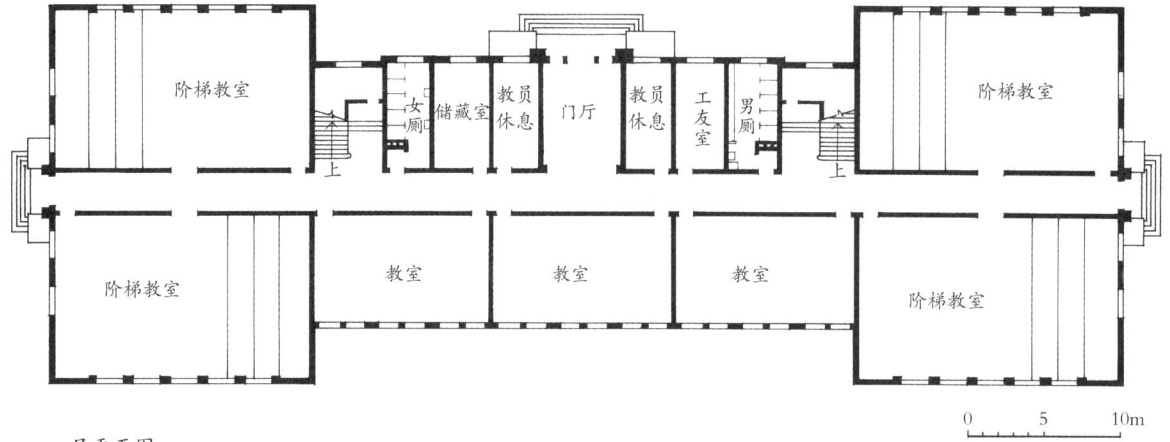

一层平面图

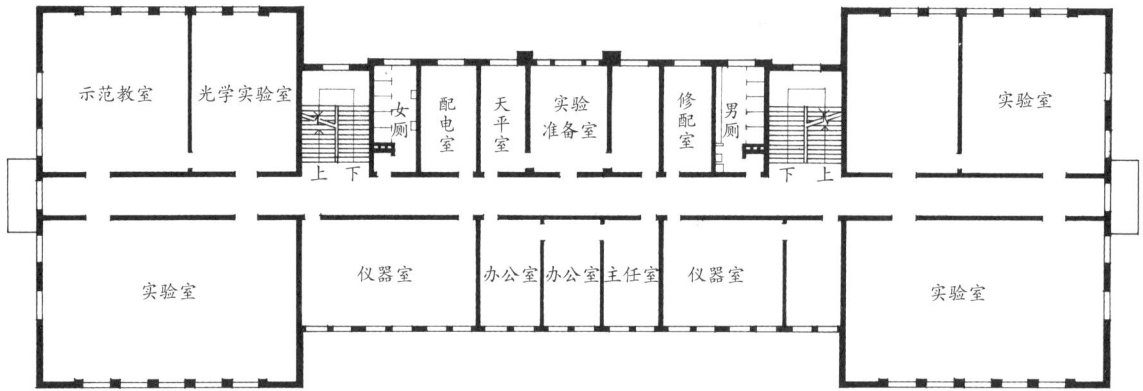

二层平面图

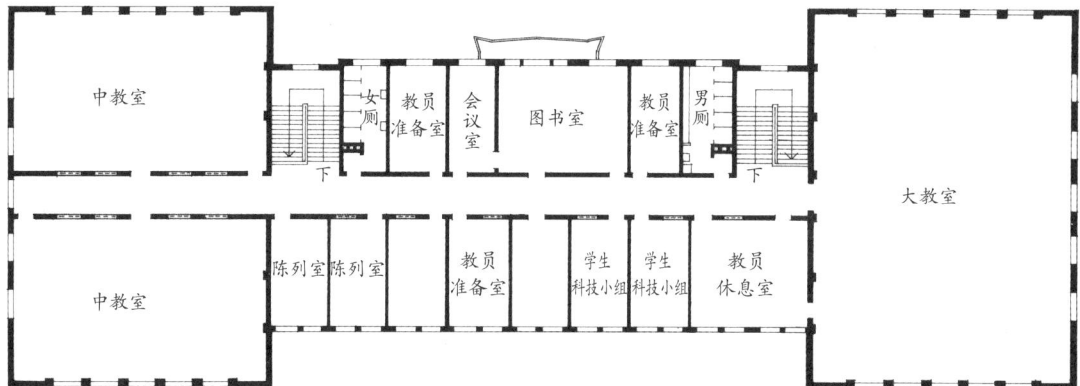

三层平面图

北立面图

东立面图

剖面图

0　　　5　　　10m

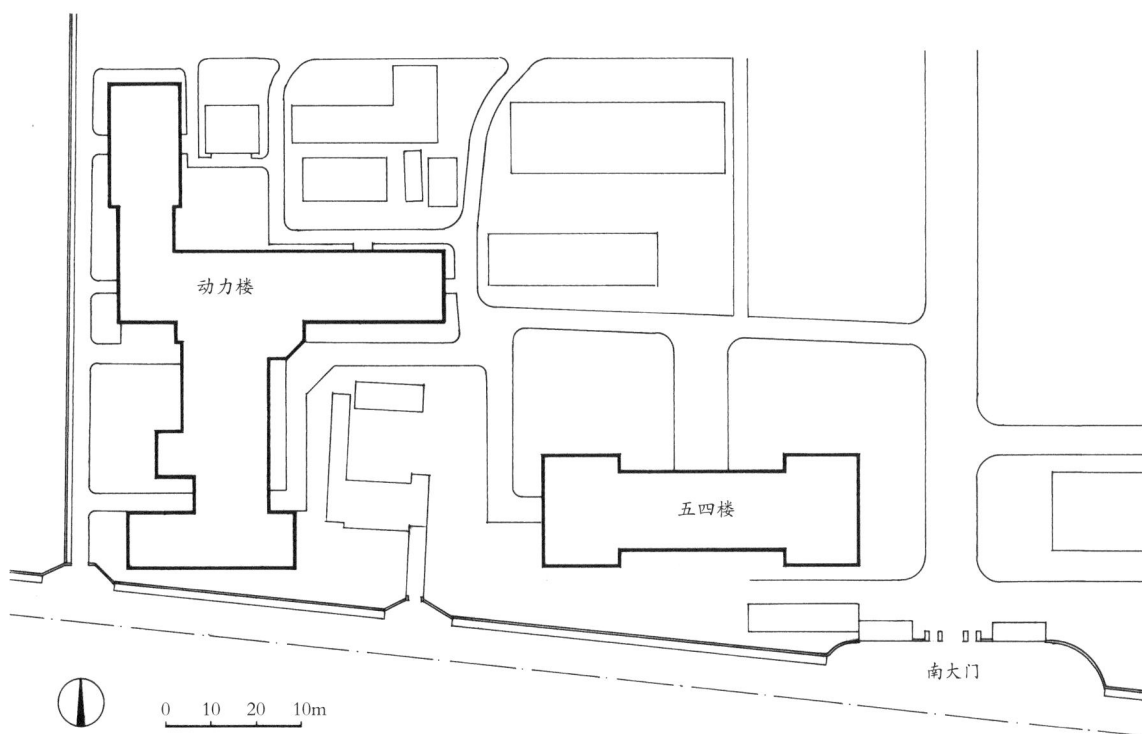

动力楼

五四楼

南大门

0　10　20　10m

总平面图

99. 南京工学院五五楼（1954 年）

五五楼因建于 1955 年而得名。位于南京工学院校园北边缘，背临北京东路，与北极阁相望。

该楼平面顺应校园北边界走势，呈多折形。高 4 层，除一层层高为 4.25 米外，其余各层层高皆为 4 米。建筑面积为 8 620 平方米。

一层平面在南与西两端墙及面向校园三段外墙转折处均设有出入口。大楼内各层均为中廊两侧布置各教学用房。一层主要为建筑材料各试验室；二层主要为大、中、小教室和部分化学实验室；三层主要为党政办公用房和部分实验室。结构采用密肋小梁楼板，具有一定的经济性。

建筑外观为四坡顶，外墙一层基座部分为水泥砂浆粉面，横线条划分。二至四层外墙为青砖清水勾缝。西入口做门廊处理，其余入口均做门套，两者额枋皆有传统装饰纹样。

1. 1955 年建成时的外观旧照

2. 中段外景旧照

3. 西山墙入口门廊旧照

4. 东翼外景

5. 转角入口外景一

6. 转角入口外景二

7. 西山墙外景

8. 北面局部外景

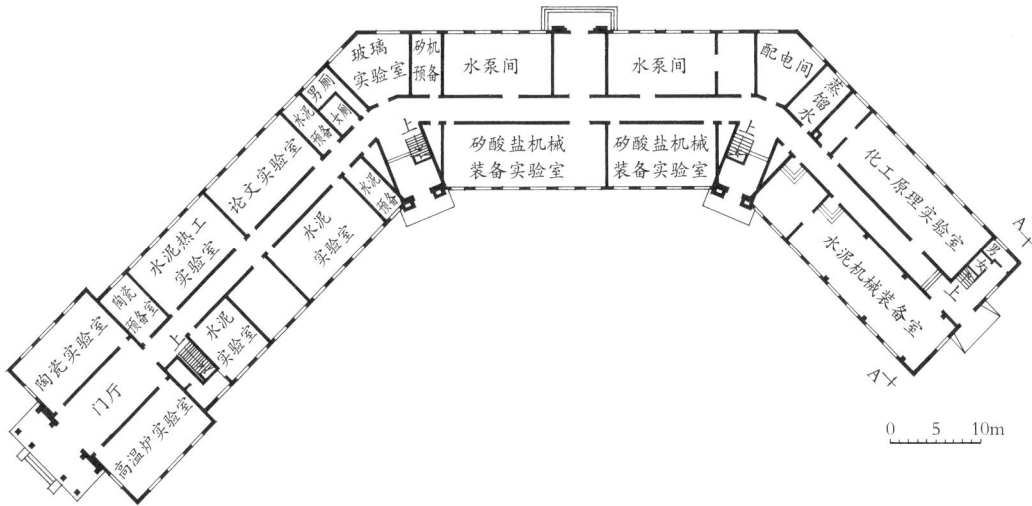

一层平面图

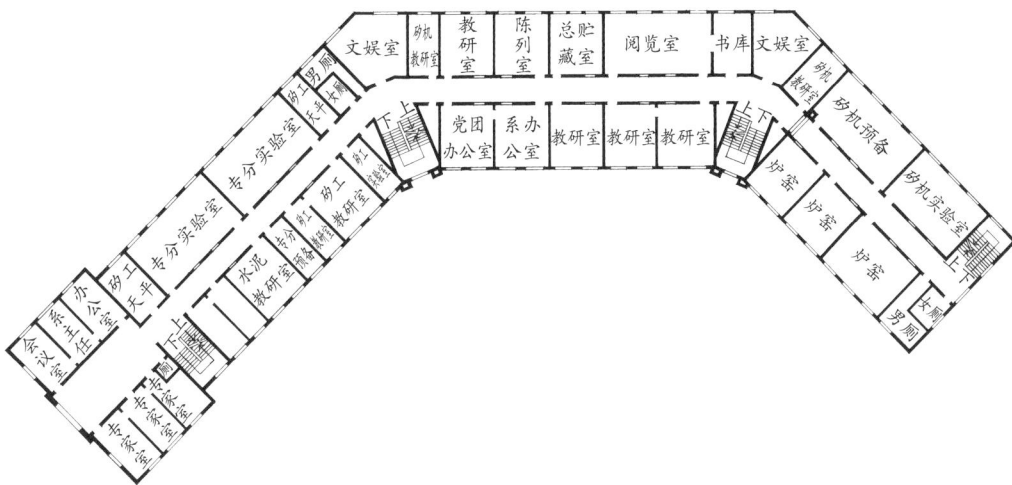

二层平面图

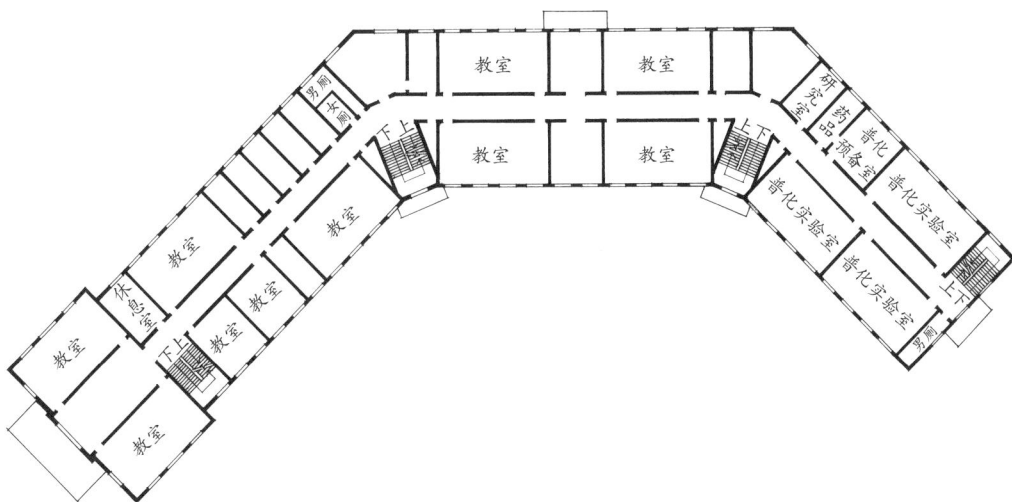

三层平面图

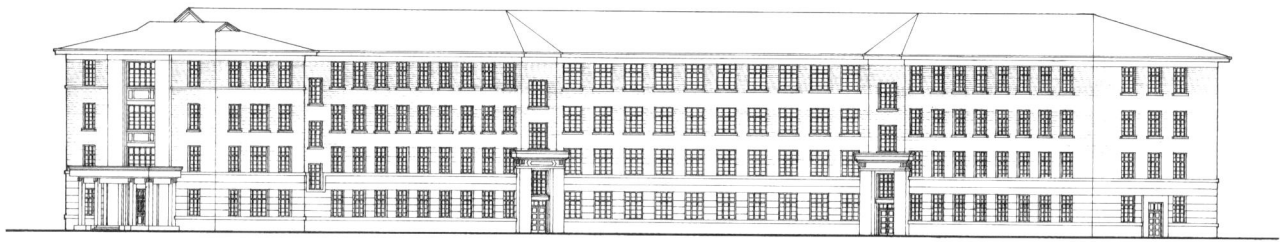

南立面图

西立面图

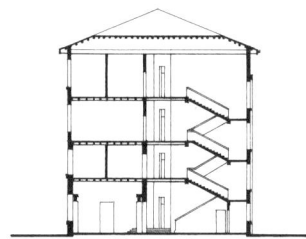

A-A 剖面图

0   5m

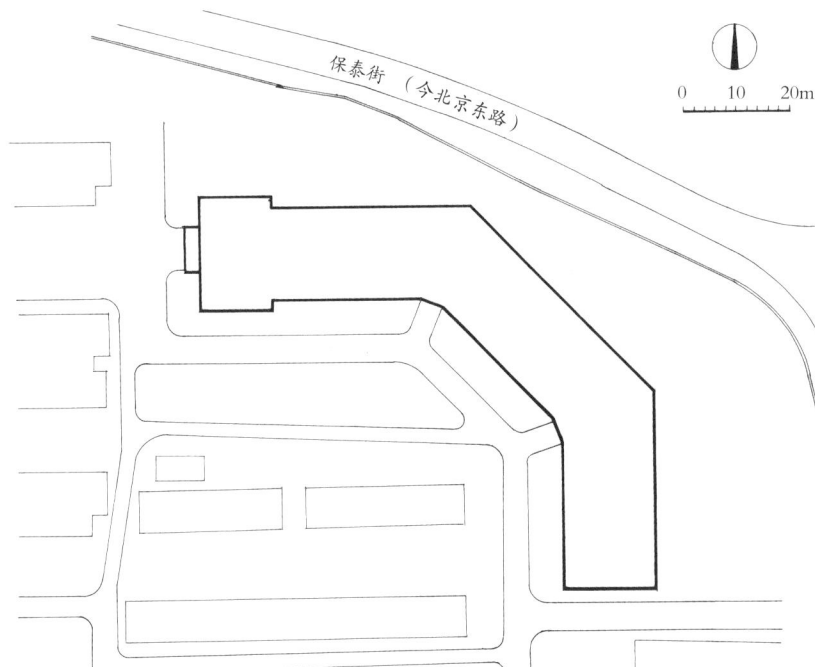

保泰街（今北京东路）

0   10   20m

总平面图

100. 南京林学院校园规划（1956 年）

　　南京林学院于 1952 年由南京大学（前国立中央大学）森林系和金陵大学森林系组建而成。1955 年 4 月，决定在南京东郊太平门外锁金村新校址独立建院。1956 年初杨廷宝接受邀请进行校园规划设计。

　　该规划设计将校园分为教学区、实习工厂区、实习林场区、学生生活区、教职工住宿区，各区以校内南北干道与东西干道相分隔，功能分区明确。其中，校门至教学主楼之间规划为宽阔的绿化广场，其南北两侧布置 4 幢中国传统建筑风格的教学楼，形成轴线明显的校园中心区。在此校园中心区之北为实习工场区，之东北为实习林场区和学生宿舍区，之南为教师住宅区，正东为职工宿舍区。两处运动区分别规划在学生宿舍区和教师住宅区附近。

　　校区外围被山林、河沟、湖面环绕，校内以美丽的森林式庭园穿插于各教学楼之间，充分展现与众高校不同的校园自然环境与规划特色。

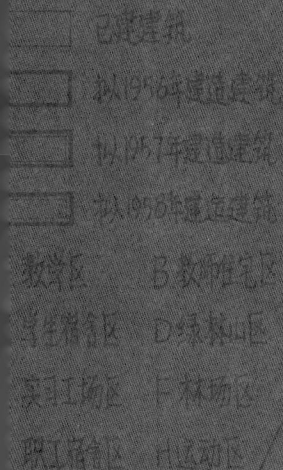

1. 20 世纪 50 年代校园中心区中轴线西端的校大门

2. 20 世纪 50 年代校园中心区中轴线景观

3. 20 世纪 50 年代后期的教学区（右）、实习工厂区（左前）、学生宿舍区（左后）

4. 20世纪80年代后期校园中心区中轴线西端的校大门

5. 20世纪80年代初期的校园中心区中轴线景观

6. 教学中心区中轴线东端教学主楼鸟瞰

7. 20世纪80年代校园中心区中轴线北侧景观

8. 教学主楼西立面外景

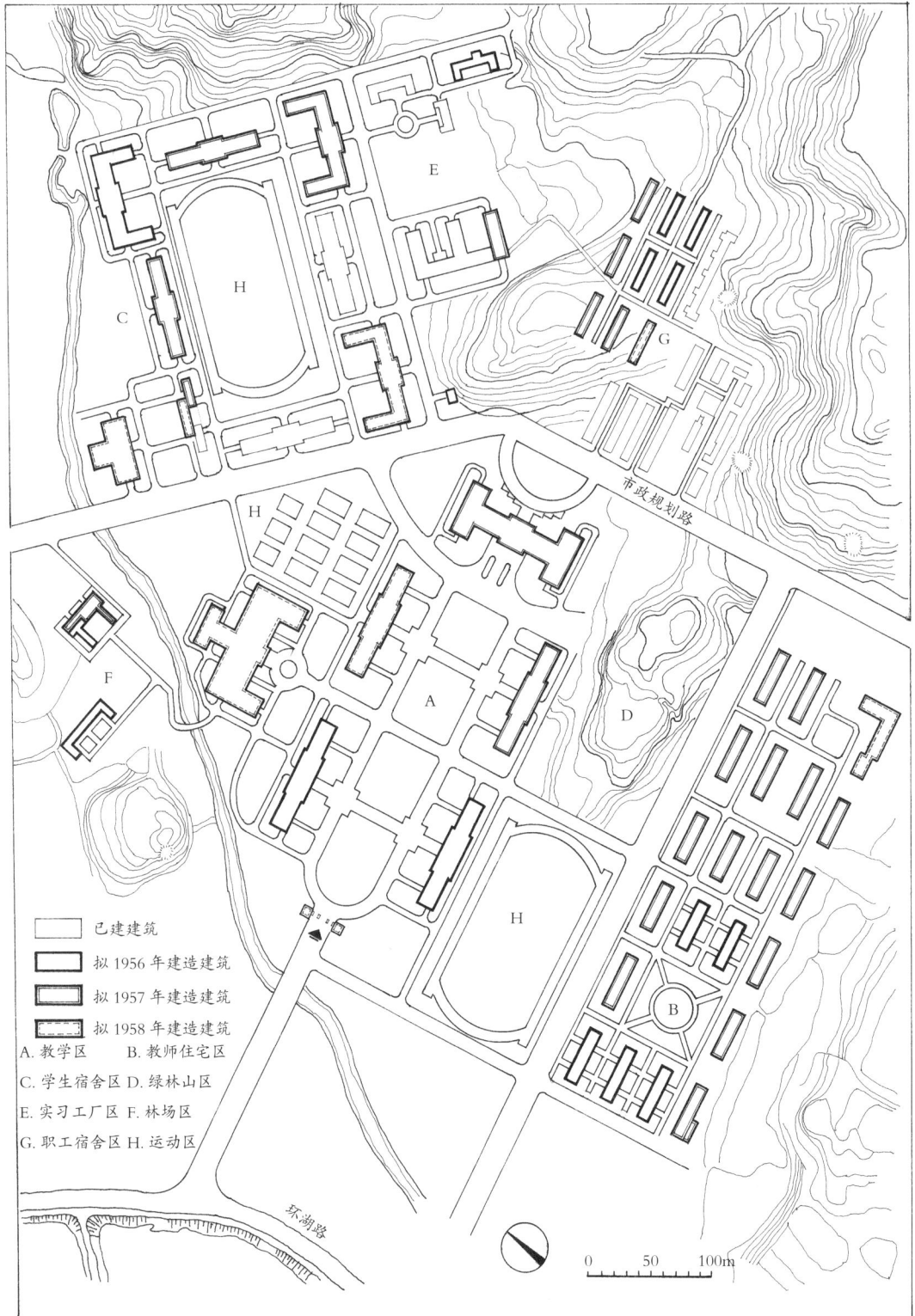

E

C

H

H

E

G

市政规划路

H

F

A

D

B

H

□ 已建建筑

□ 拟 1956 年建造建筑

□ 拟 1957 年建造建筑

□ 拟 1958 年建造建筑

A. 教学区　　 B. 教师住宅区

C. 学生宿舍区 D. 绿林山区

E. 实习工厂区 F. 林场区

G. 职工宿舍区 H. 运动区

环湖路

0　　50　　100m

总平面图

101. 南京工学院兰园教授住宅（1956 年）

　　该教授住宅于 1956 年设计，位于校东学生、教职工生活区东北角地块。计 8 幢，分甲、乙两种标准，于 1956 年至 1958 年先后建成。

　　乙标准教授住宅为一梯两户，呈"一"字形，3 层，每幢建筑面积 1291.02 平方米，每户建筑面积 104.38 平方米（中间单元）和 110.79 平方米（端单元）。每户的起居室、主卧室、书房 3 个主空间均朝南，两间小卧室及卫生间、厨房均朝北，并设生活阳台和服务阳台，分别与起居室和厨房相连。功能分区明确，房间布局合理，采光通风良好。其户型设计理念超前，与当今通用一梯二户住宅设计别无二致。在当时，对于高校教师住宅设计起着引领作用。

　　甲标准教授住宅是为资深、有名望的教授而设计，其户型设计是在乙标准教授住宅户型基础上，增添了 1 间保姆室，并在主卧室内设小贮藏室。每户建筑面积 131.5 平方米（中间单元）和 110.79 平方米（端单元）。每幢建筑面积 1 453.74 平方米。

　　建筑外形为两坡屋顶，一层外墙为清水红砖，二层、三层外墙为白色粉刷。

1. 甲标准教授住宅南面景观

2. 甲标准教授住宅端单元西北面景观

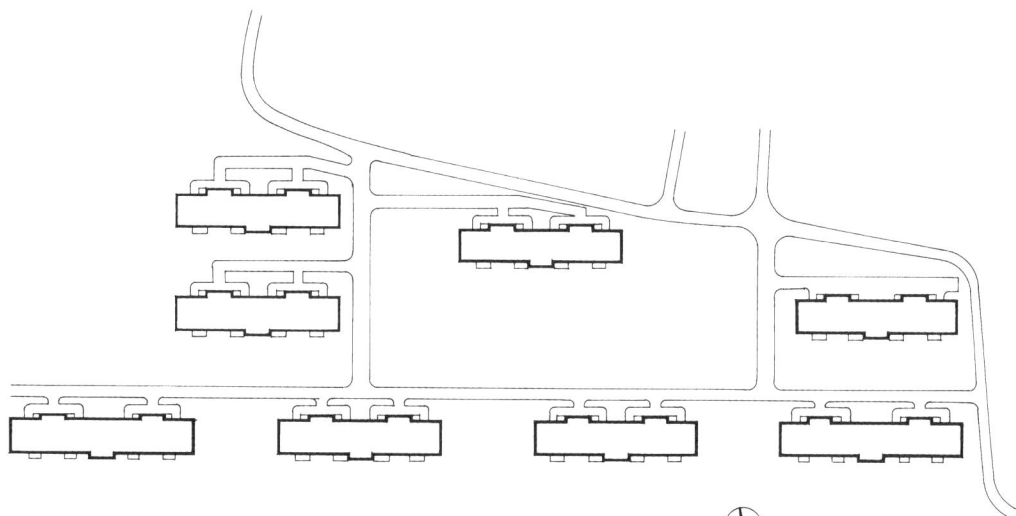

总平面图

0 10 20 30m

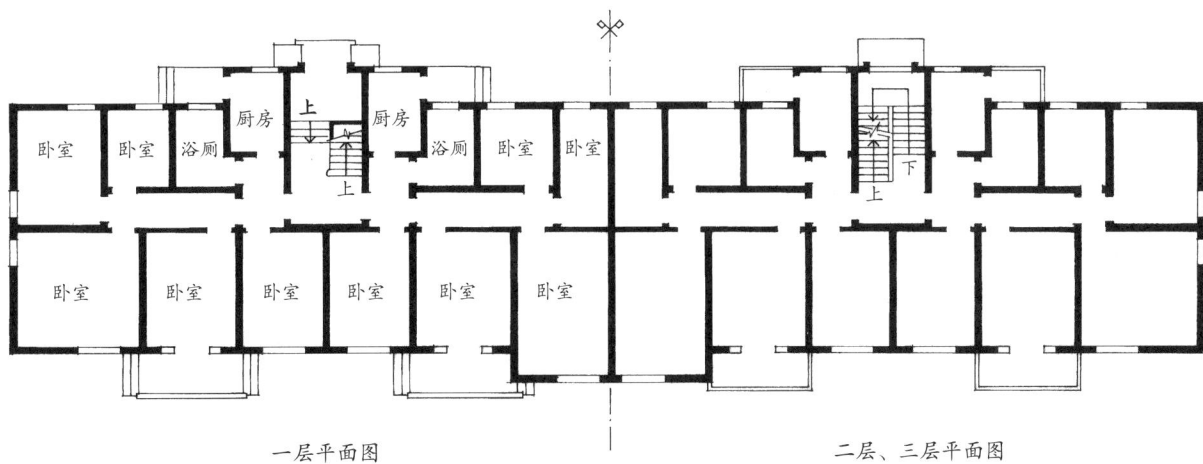

一层平面图

卧室　卧室　浴厕　厨房　上　厨房　浴厕　卧室　卧室

卧室　卧室　卧室　卧室　卧室　卧室

二层、三层平面图

下　上

乙型教授住宅

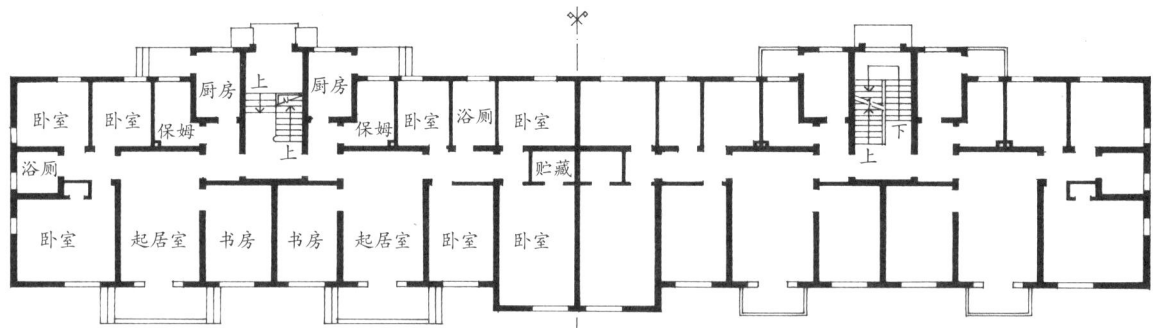

一层平面图   二层、三层平面图

卧室　卧室　保姆　厨房　上　厨房　保姆　卧室　浴厕　卧室

浴厕

卧室　起居室　书房　书房　起居室　卧室　卧室　贮藏

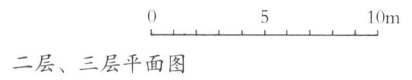

南立面图   北立面图

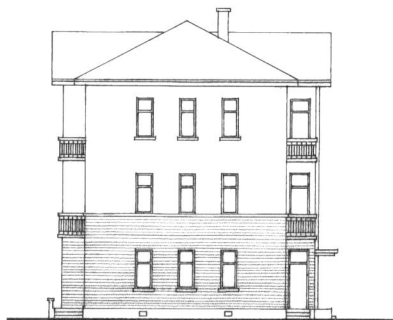

东立面图   剖面图

甲型教授住宅

102. 南京工学院动力楼（1956 年）

　　动力楼位于东南大学（原南京工学院）西南角，由杨廷宝指导设计，于 1957 年建成，建筑面积约 10 000 平方米。

　　由于地段不规整，还需保留一些建筑和树木，同时，动力实验设备大小不一、类型繁多，各自要求面积、空间高低相差悬殊，因此平面采用多枝的自由形。主入口位于全楼中部的阴角处，面向东南。平面为中廊，其两侧多为各种大小不一的专业实验室、陈列室，以及少量办公、科研、库房等用房。动力楼高 4 层。

　　建筑外观为歇山屋顶，清水外墙，水泥粉刷勒脚。

1. 20世纪50年代动力楼外景旧照

2. 20世纪50年代动力楼转角处景观旧照

3. 主入口景观

4. 修缮后的动力楼俯视全景

5. 动力楼东翼景观

6. 西翼临街景观

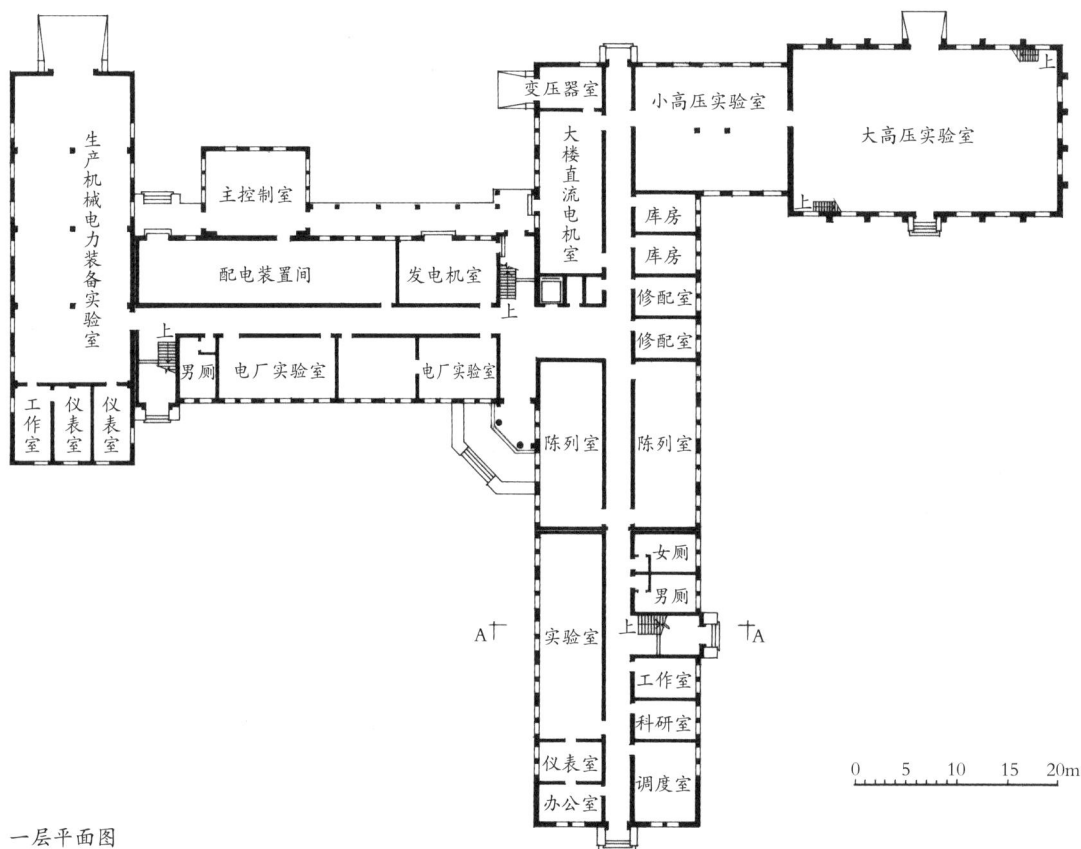

一层平面图

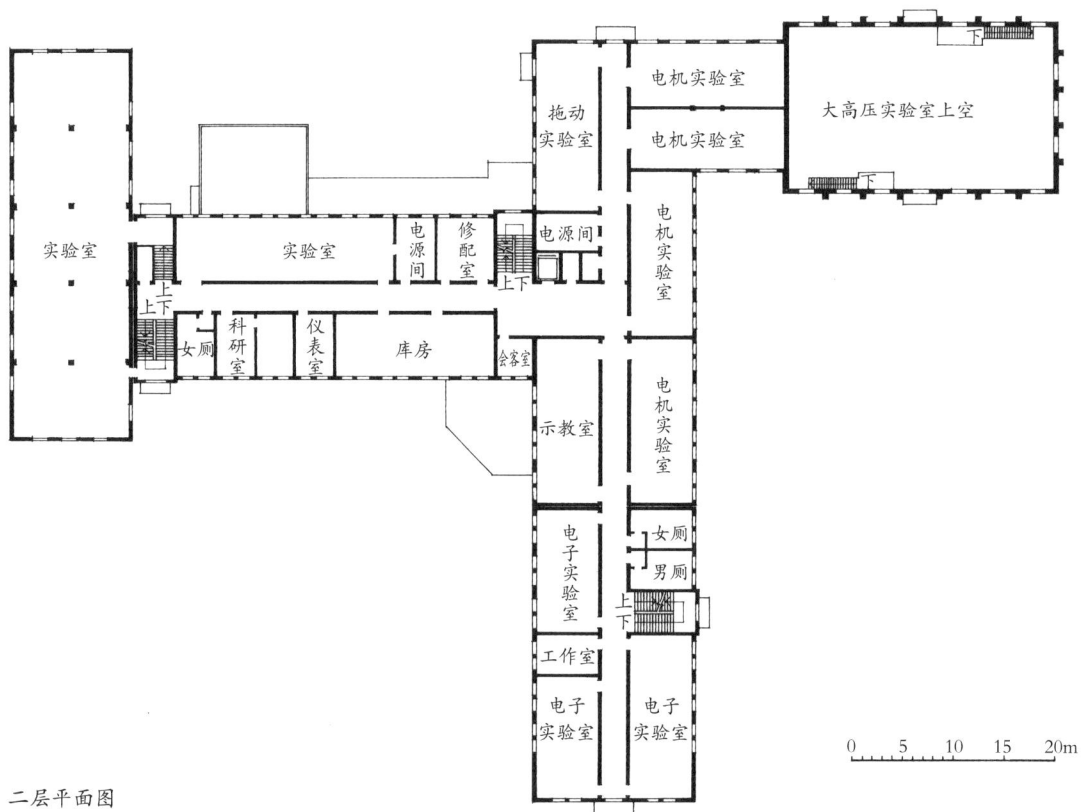

二层平面图

东立面图

南立面图

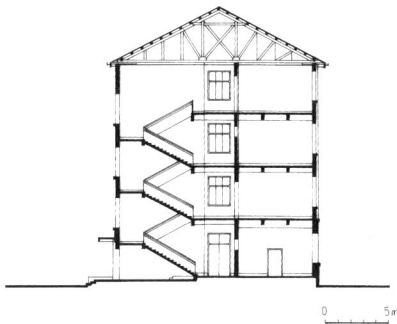

A–A 剖面图

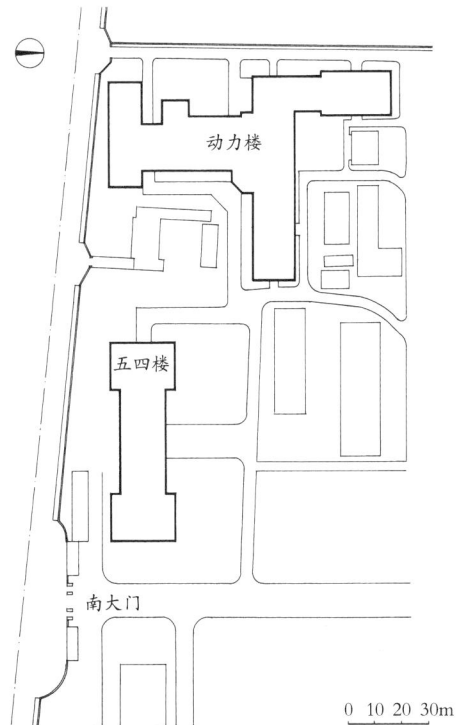

总平面图

103. 南京工学院中大院扩建工程（1957 年）

中大院原名生物馆，位于大礼堂东南，造型为西方古典建筑式样，建于 1929 年，由李宗侃建筑师设计。1957 年由杨廷宝指导扩建两翼设计教室的工程设计，扩建面积为 1 746 平方米。建成后，学校历史上曾名为国立中央大学，遂又更名为中大院，后成为建筑系（现建筑学院）系馆。

东西两翼扩建的平面呈矩形，为东西向，长六开间 24 米，进深 10 米。与原生物馆平面呈垂直状。一层东西两翼分别为中文图书室和外文图书室。二、三层东、西两翼皆为各年级设计专用教室。而新老楼平面之间插入 4 米宽楼梯间作为衔接与过渡，使两者功能与交通成为有机整体。

建筑外观与原生物馆在形式风格、细部线脚、饰面材质、门窗式样等方面完全一致，使新老建筑的结合天衣无缝、浑然一体。

中大院二层、三层设计专用教室于 2007 年 9 月迁入毗邻的前工院北楼，现为各教研室办公和研究生教学用房。

1. 扩建前建于 1929 年的生物馆旧照

2. 新老建筑西衔接处外观

3. 新老建筑东衔接处外观

4. 2002 年整体修缮后的全貌

5. 扩建西翼立面景观

6. 扩建东翼立面景观

7. 新老建筑连接处之入口

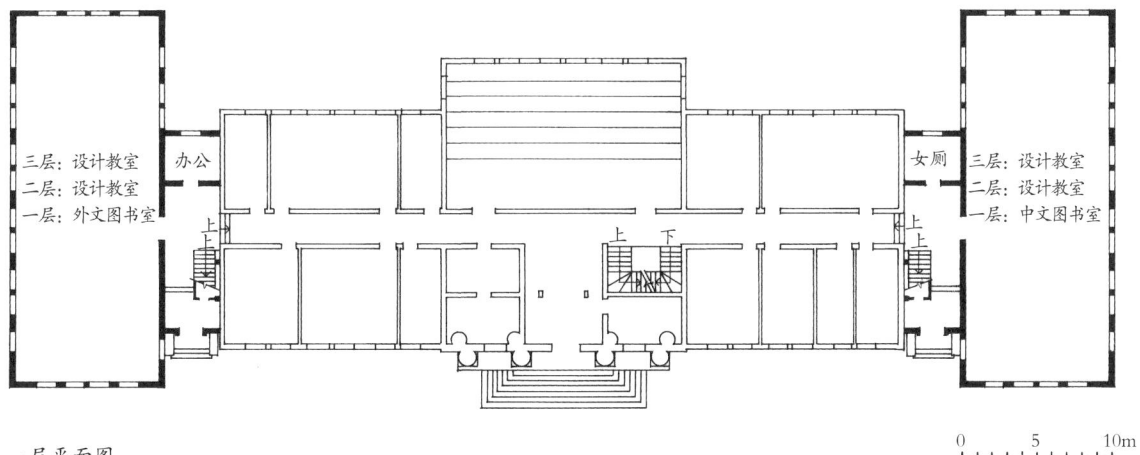

一层平面图

三层：设计教室
二层：设计教室
一层：外文图书室

办公

女厕

三层：设计教室
二层：设计教室
一层：中文图书室

0　　5　　10m

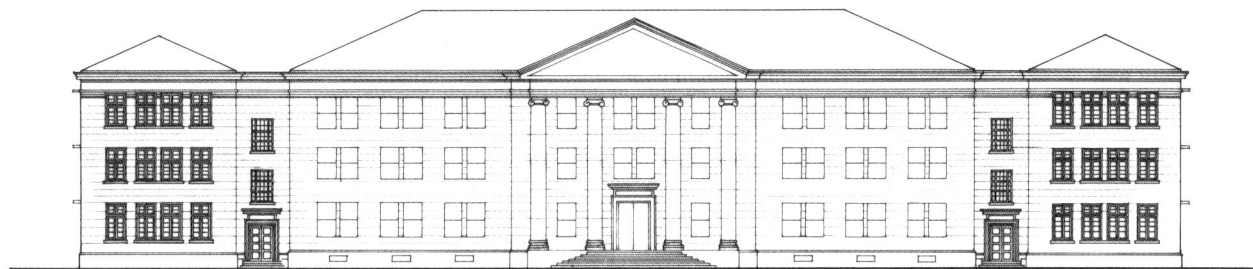

南立面图

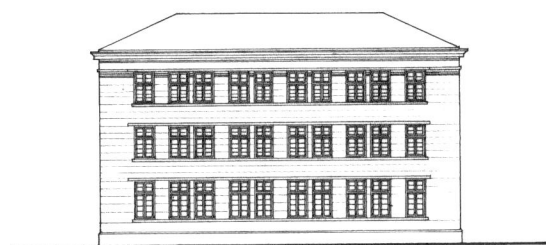

东（西）立面图

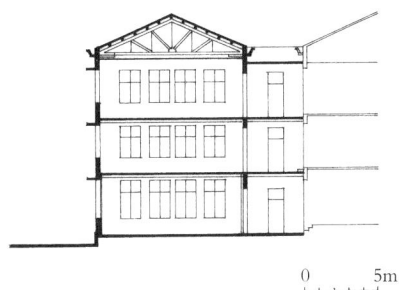

剖面图

0　　5m

杨廷宝全集·二　——　103. 南京工学院中大院扩建工程（1957 年）

104. 南京工学院大礼堂扩建工程（1957 年）

　　大礼堂位于南京工学院校园中轴线上，于 1930 年 3 月 28 日动工兴建，1931 年 4 月底落成。1957 年由杨廷宝设计指导，在大礼堂东西两翼扩建三层教学楼，施工图设计由江苏省建筑设计院完成。扩建面积 2 544 平方米。

　　大礼堂扩建东、西两翼平面皆为竖向矩形，南、北朝向进深 10.6 米，东、西朝向长 34.2 米。东、西两翼每层皆为两个大教室，其间设 3.4 米休息廊。扩建新楼与大礼堂以楼梯间作为衔接。

　　建筑外观与大礼堂在形式、细部、划分线处理、材色等均完全一致，不但新老建筑浑然一体，而且使大礼堂的比例更加舒展完美。

1. 国文保碑

2. 扩建前建于 1931 年的大礼堂旧照

3. 现今大礼堂全景

4. 扩建后的大礼堂鸟瞰全景

5. 扩建东翼——新老建筑的结合

6. 扩建西翼——新老建筑的结合

7. 扩建东翼东立面外景

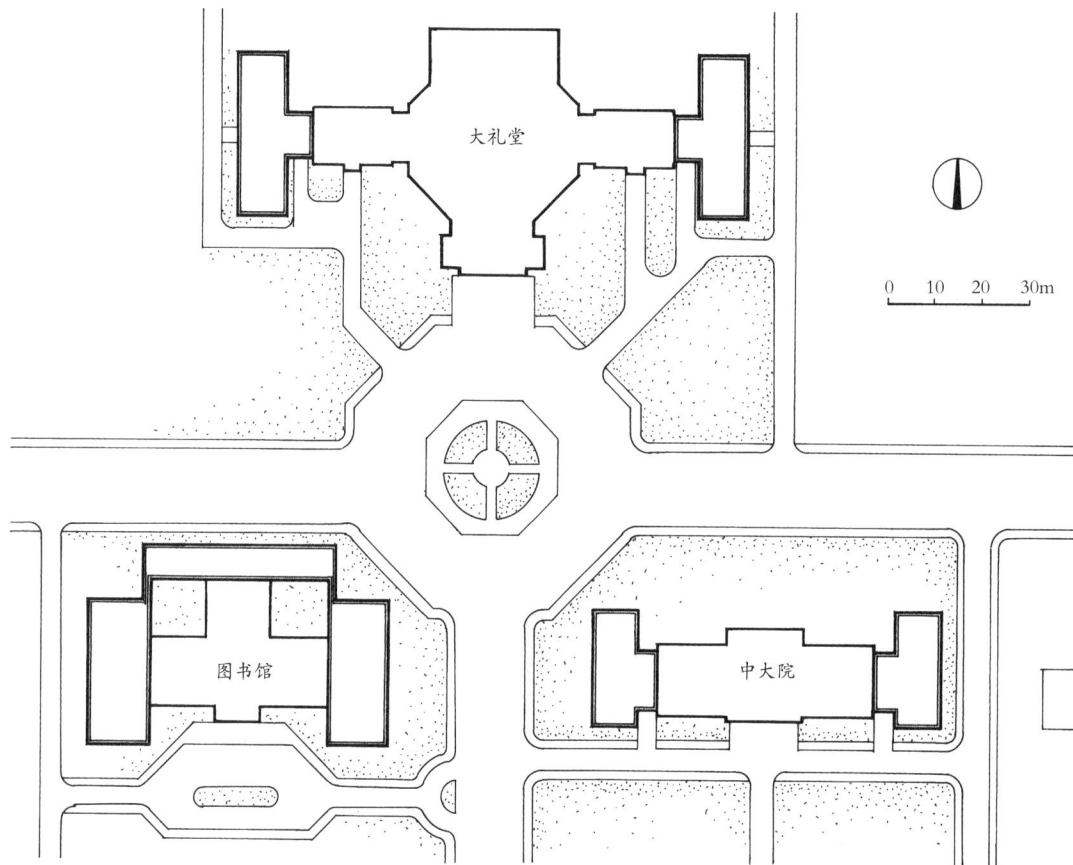

大礼堂

图书馆

中大院

0 10 20 30m

总平面图

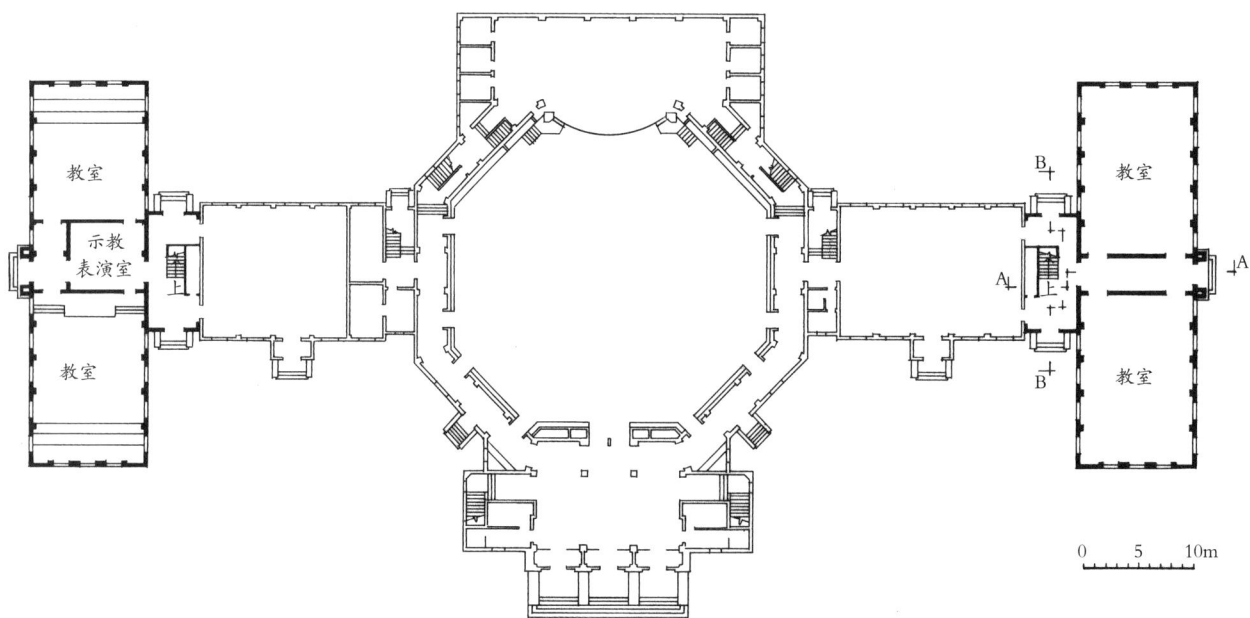

教室

示教
表演室

教室

B

教室

A

B

教室

0 5 10m

一层平面图

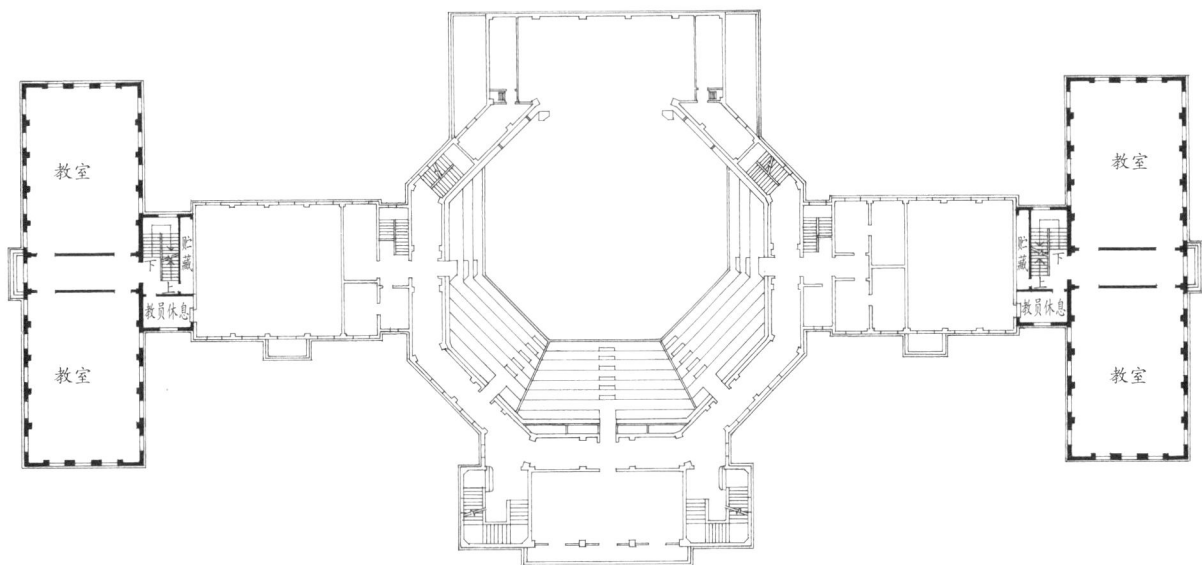

二层平面图

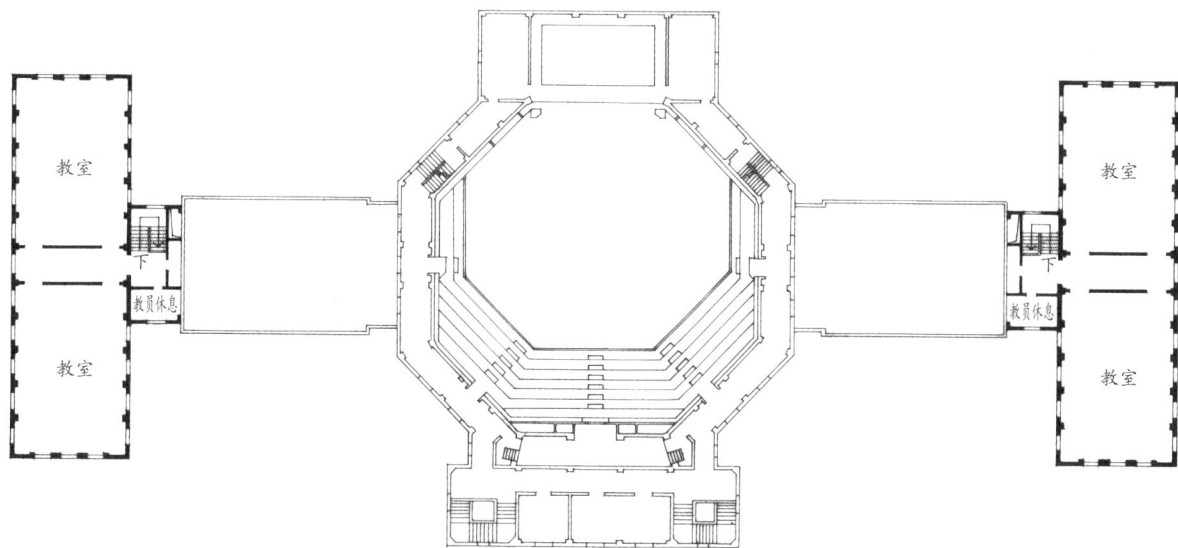

三层平面图

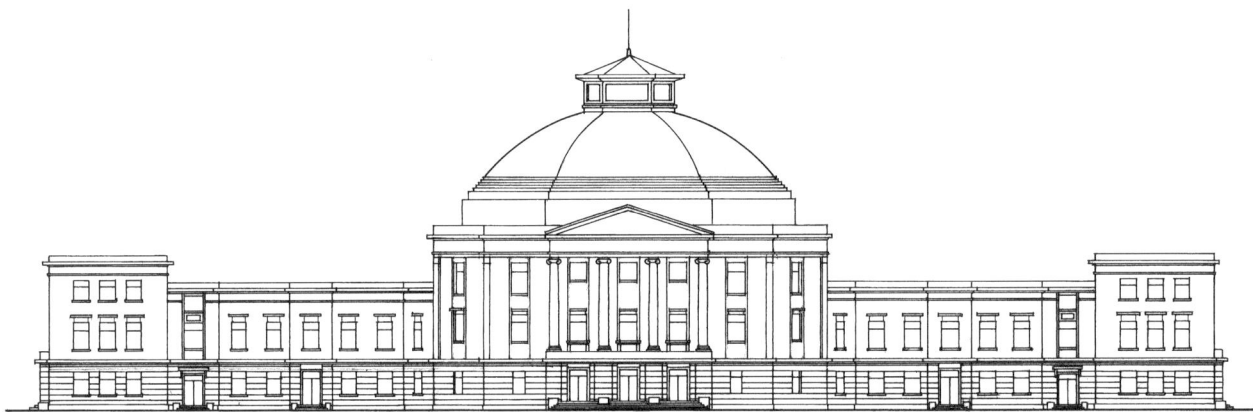

南立面全图

0 5 10m

东（西）立面图

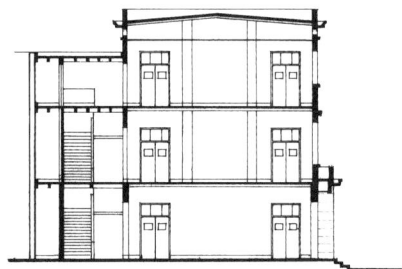

A–A 剖面图

0   5m

（西）南立面图（东）

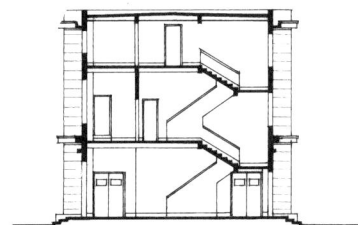

B–B 剖面图

0   5m

105. 南京工学院沙塘园学生宿舍（1957年）

　　沙塘园学生宿舍位于校园南大门外的沙塘园学生宿舍区。建于1958年。

　　平面为三段等长南北错位分别为2米的板式建筑，总长89.49米，进深13.24米。高4层，建筑面积4740平方米，每层设两组集中盥洗室、厕所，每间卧室开间4.25米，进深5米。

　　建筑外观为坡屋顶，青砖清水墙，水泥砂浆粉刷圈梁腰带和勒脚、木门窗。

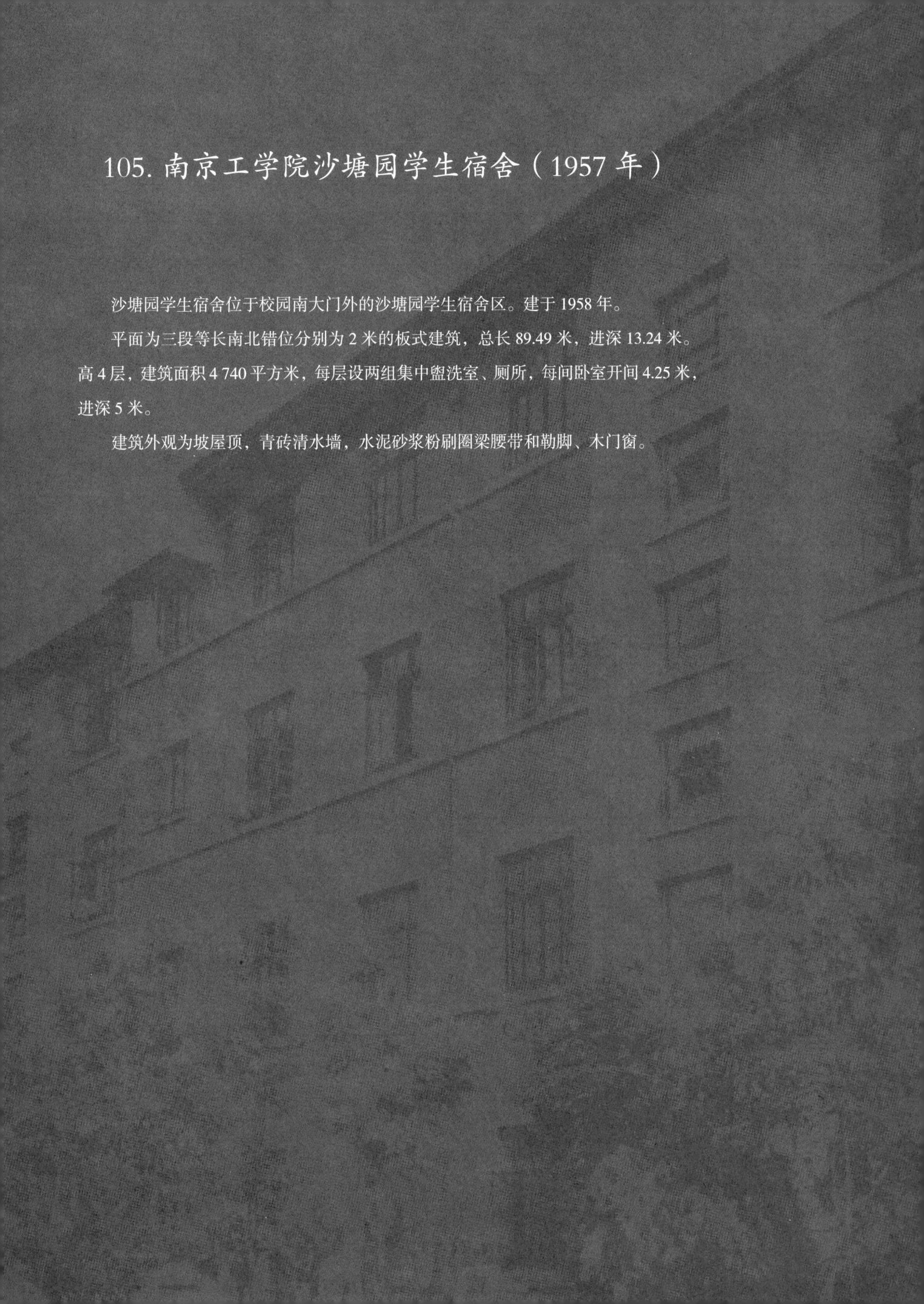

1. 建于 1958 年的学生宿舍外景旧照

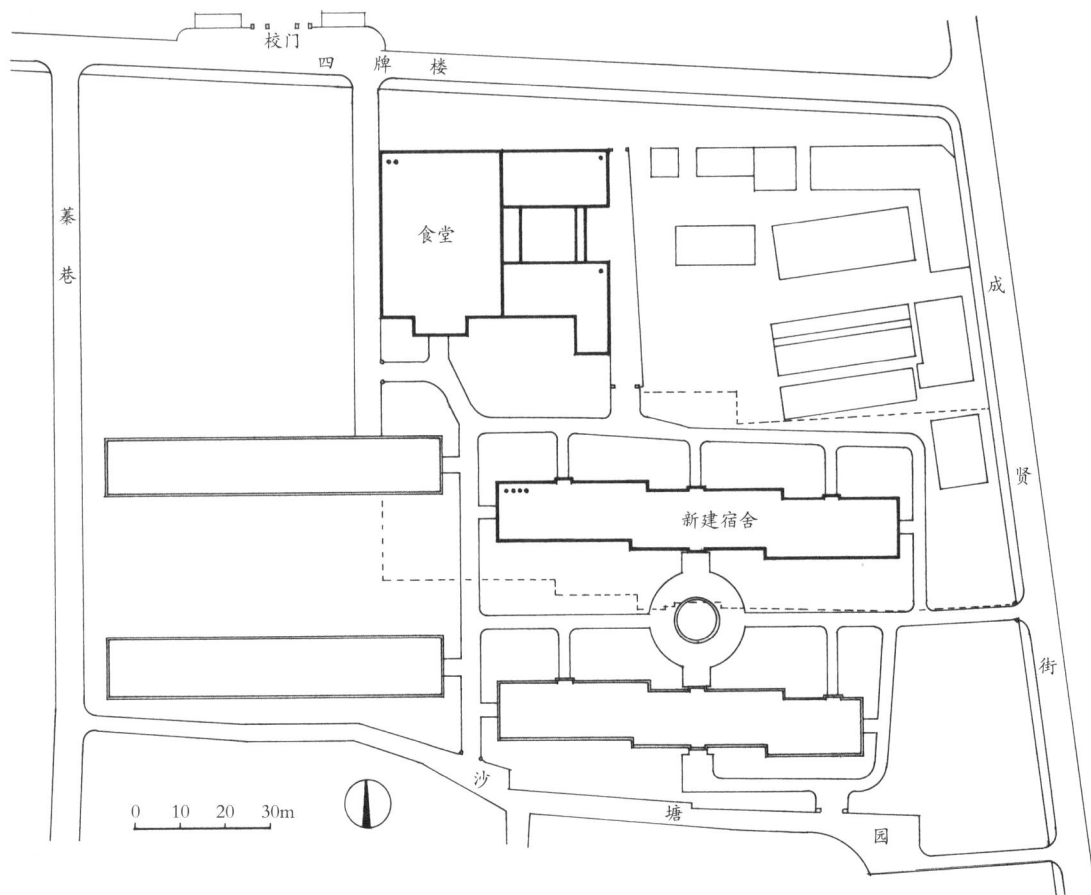

食堂

新建宿舍

校门

四牌楼

慕巷

成贤街

沙塘园

0 10 20 30m

总平面图

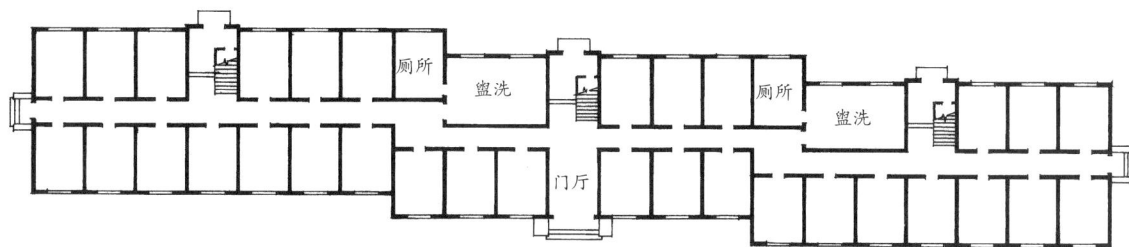

一层平面图

厕所　盥洗　门厅　厕所　盥洗

0　　5　　10m

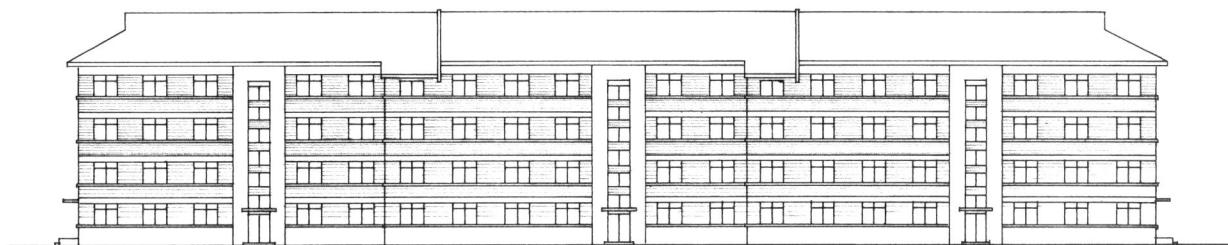

北立面图

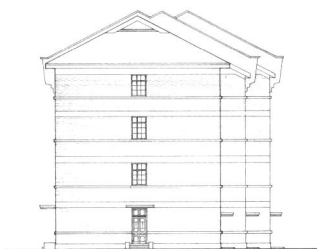

东立面图

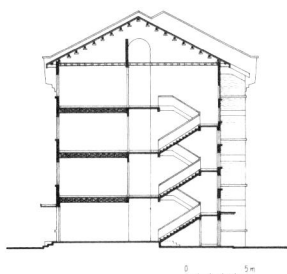

剖面图

106. 南京工学院沙塘园学生食堂（1957 年）

　　沙塘园食堂位于南京工学院南大门外的沙塘园学生宿舍区，两者隔路相望。于 1958 年建造。

　　该食堂建筑面积约 2 923 平方米，学生餐厅居西，高 2 层。餐厅一层主入口面南，朝向学生宿舍区广场，并设两部楼梯以迎合、分配就餐人流。西侧设两个次要入口，临学生来往校区与宿舍区之间的必经之路上。二层餐厅为中空回廊式平面，顶部设周边高侧窗采光、通风口。东部厨房的主、副食加工区分设南北两处，其间以内院相隔，各自采光、通风均好，并以西侧送餐通道和东侧连廊相通。

　　建筑外观为平灰瓦坡屋顶，造型简洁，经济实用。

1. 建于 1958 年的学生食堂外观旧照

2. 学生食堂内景一

3. 学生食堂内景二

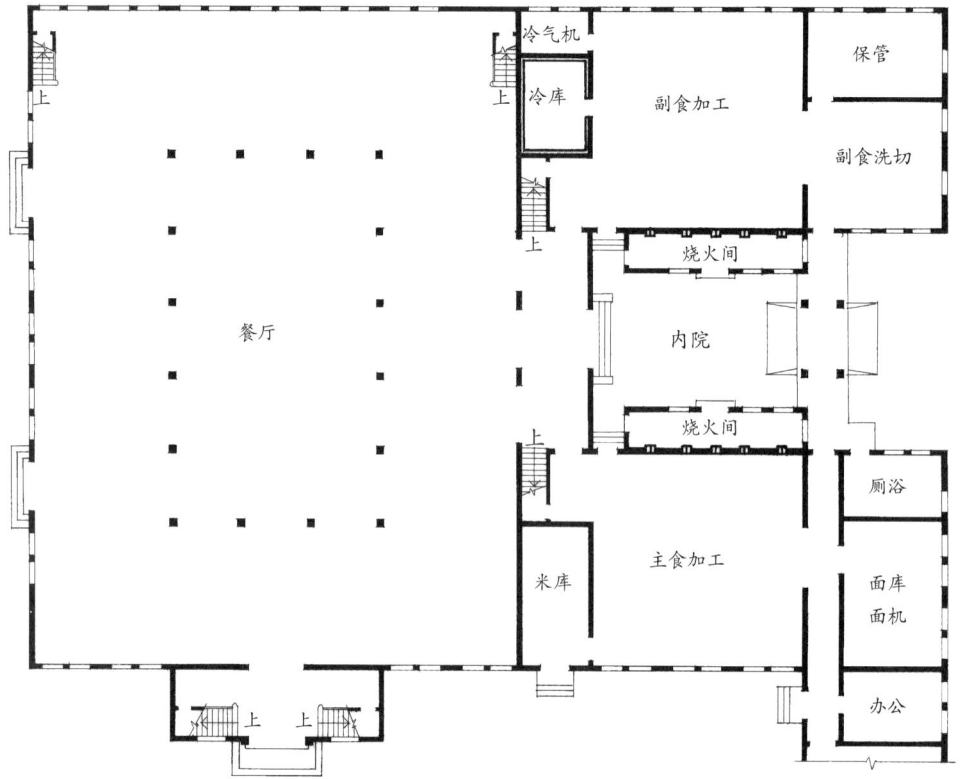

冷气机

冷库

副食加工

保管

副食洗切

餐厅

烧火间

内院

烧火间

厕浴

米库

主食加工

面库
面机

办公

一层平面图

0　　　　5　　　　10m

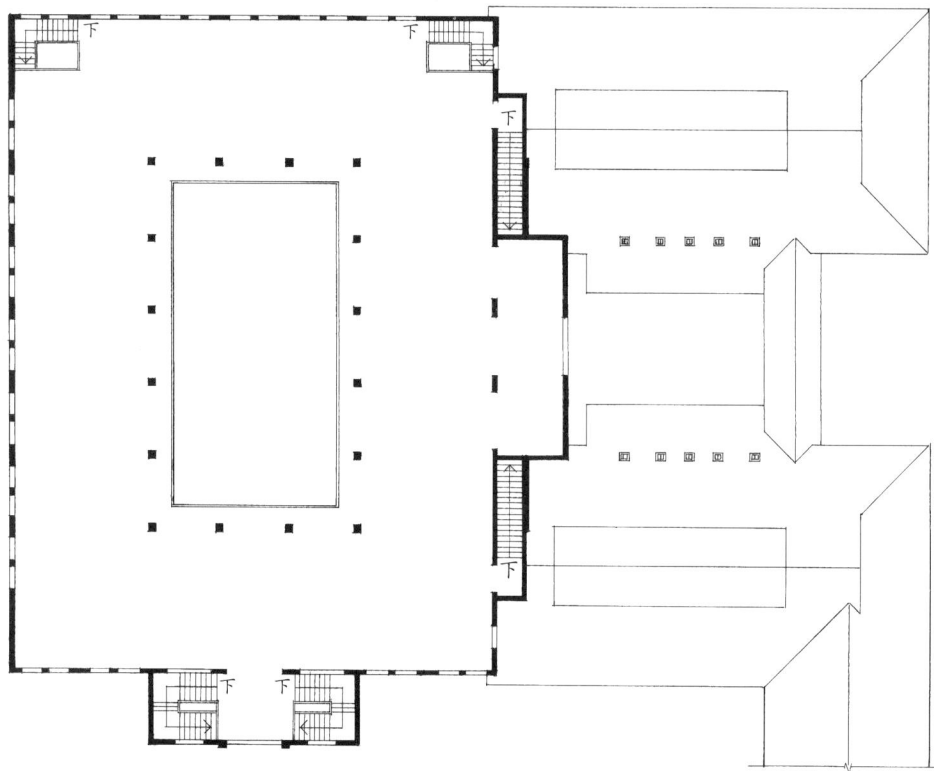

下

下

下

上

上

下

下

二层平面图

南立面图

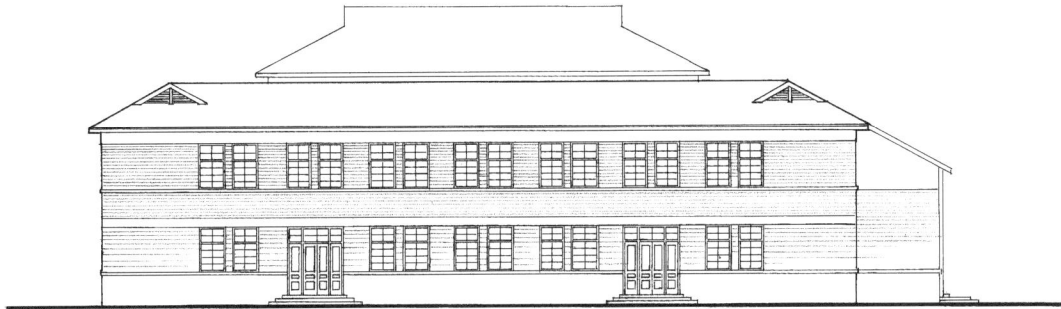

西立面图

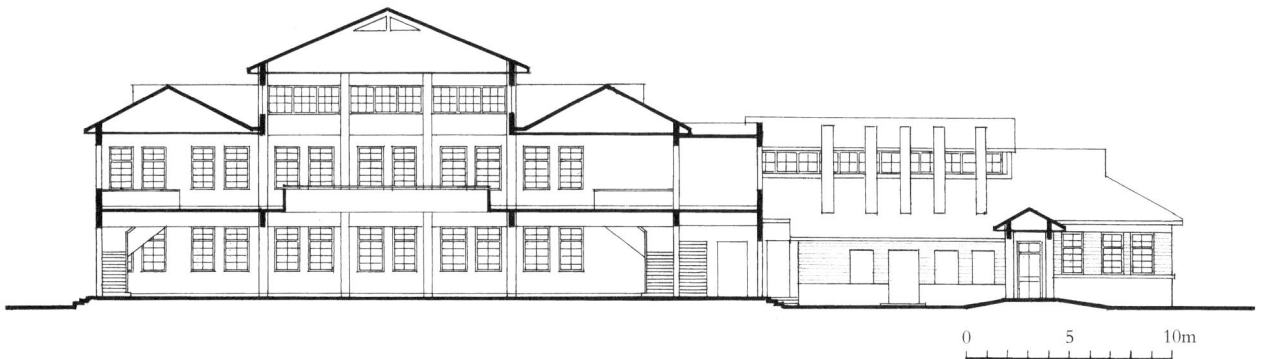

0　　5　　10m

剖面图

107. 江苏省省委一号楼（1957 年）

该办公楼位于南京北京西路 68 号江苏省省委大院内。1957 年设计，1958 年建成。平面为"一"字形，高 3 层，中部 4 层，建筑面积约 4 936 平方米。

一层主入口处外设门廊和车道。大门厅以及主楼梯居中，其左右两翼为中廊，南北设各办公室用房。东、西两端平面向南北方向稍有凸出，西端由短边廊连接各相关中、小房间，东端为大房间。在中部横向平面与端部竖向平面交界处的中廊之北各设辅助楼梯 1 部（东端另设电梯 1 部），以解决交通和疏散的需要。

二层主要领导办公区（首长办公室、接待、秘书、卫生间等）设于东端。中部南向为各副职领导独立办公室，内设卫生间，正中为中会议室，北向为楼梯、厕所及辅助用房。西端为下属机构办公区。

三层为各职能办公用房。

四层为大会议室，南设休息外廊，可眺望景观。北为会议服务区。由于大会议室居中布局，一层中央大楼梯只上至二层，然后由东西两翼交通辅助楼梯上至三层，并在三至四层的楼梯休息平台处转换毗邻楼梯间上至四层。

该建筑立面为三段式，端庄稳重，其建筑形式契合功能性质。外墙贴棕色釉面砖，檐部线角及檐下点缀霸王拳和窗下墙装饰等，都在一定程度上体现了中国建筑的民族传统风格。

1. 南立面景观

2. 北立面景观

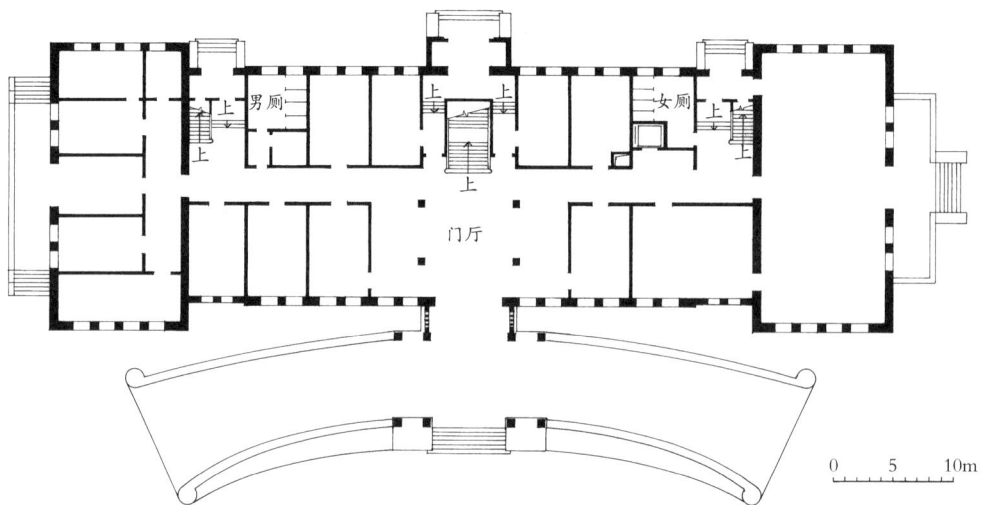

门厅

一层平面图

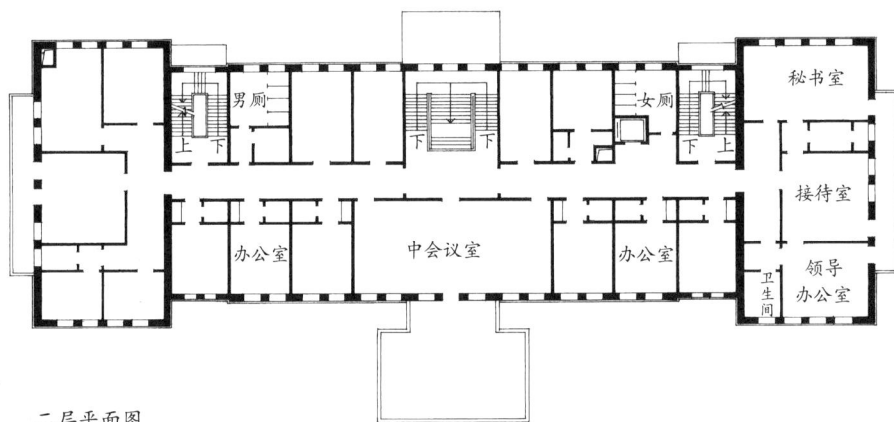

秘书室

接待室

卫生间

领导办公室

办公室　　中会议室　　办公室

二层平面图

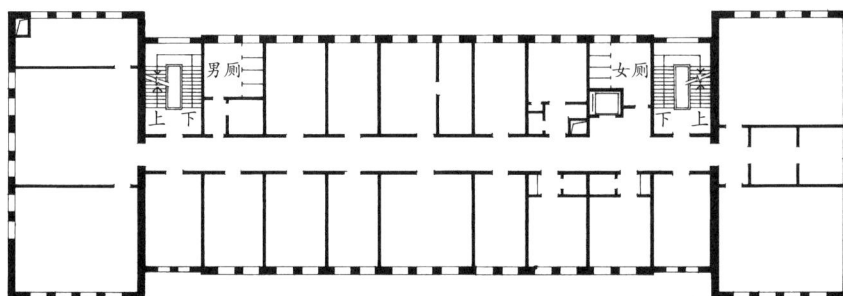

男厕　　　　　　　　　　女厕

三层平面图

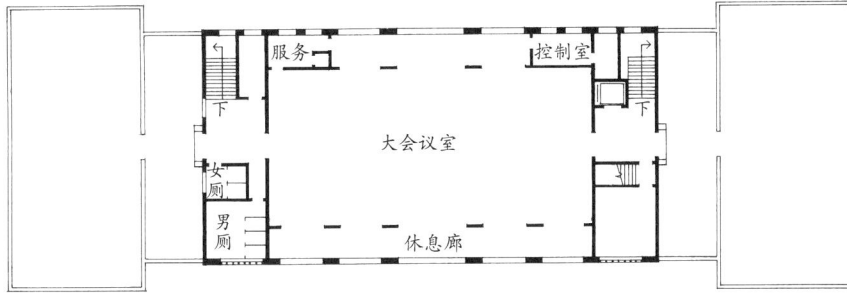

四层平面图

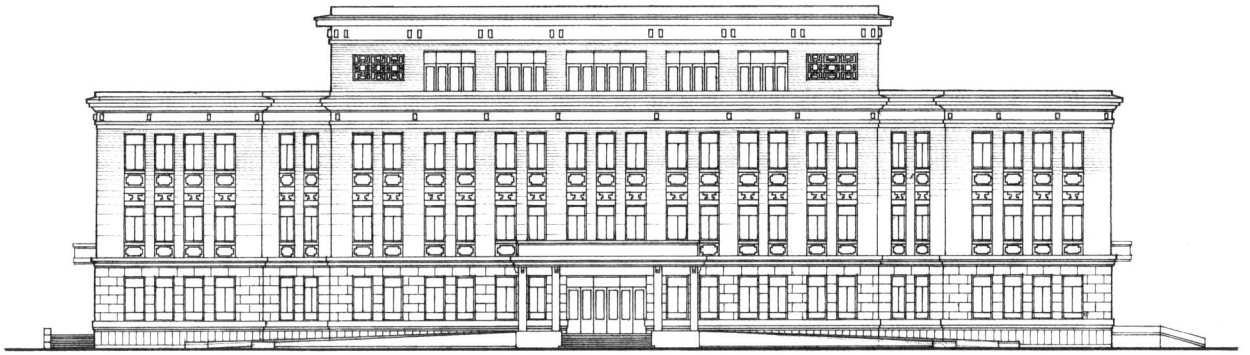

南立面图

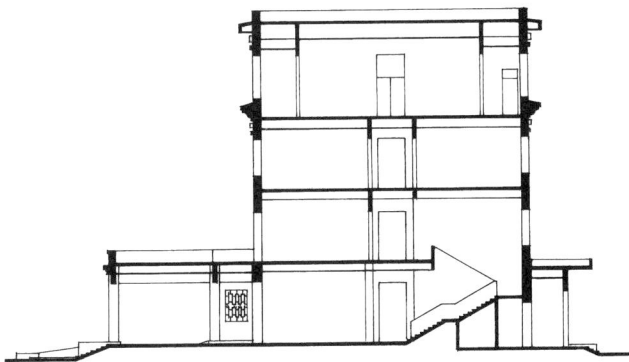

剖面图

东立面图

108. 北京人民大会堂（1958 年）

　　人民大会堂位于北京天安门广场西侧，建于 1958 年 10 月，1959 年 9 月落成，为首都国庆 10 周年十大工程之一。杨廷宝作为被邀请专家之一参加了前期方案设计的讨论工作。经过一个多月 8 轮方案稿的探讨，最终经周恩来总理审定，决定采用北京市规划局的设计方案，由北京市建筑设计院完成施工图设计。

　　人民大会堂平面南北长 336 米，东西宽 206 米，高 46.5 米，占地面积 15 万平方米，建筑面积 17.18 万平方米。主要由三部分组成：中部是从面向天安门广场主入口进入的中央大厅和其后的万人大会堂；北翼是可容 5000 席位的大宴会厅；南翼是全国人大常务委员会办公楼。大会堂内还有以全国各省、市、自治区名称命名的，富有地方特色的厅堂。

　　人民大会堂的主立面稍高，两翼略低。主入口 12 根浅灰色大理石廊柱挺拔巍峨。正门门额上镶嵌着中华人民共和国国徽。门前 5 米高花岗石宽大台阶气势雄伟，墙身贴浅黄色花岗岩，屋檐着黄绿相间的琉璃瓦，壮丽典雅，富有民族特色。

1. 1959 年建成时的主入口外景旧照

2. 2019 年中华人民共和国成立 70 年时的东立面全景

3. 北立面景观

4. 大会堂内景

5. 北入口大厅上二层宴会厅主楼梯

6. 北入口大厅内景

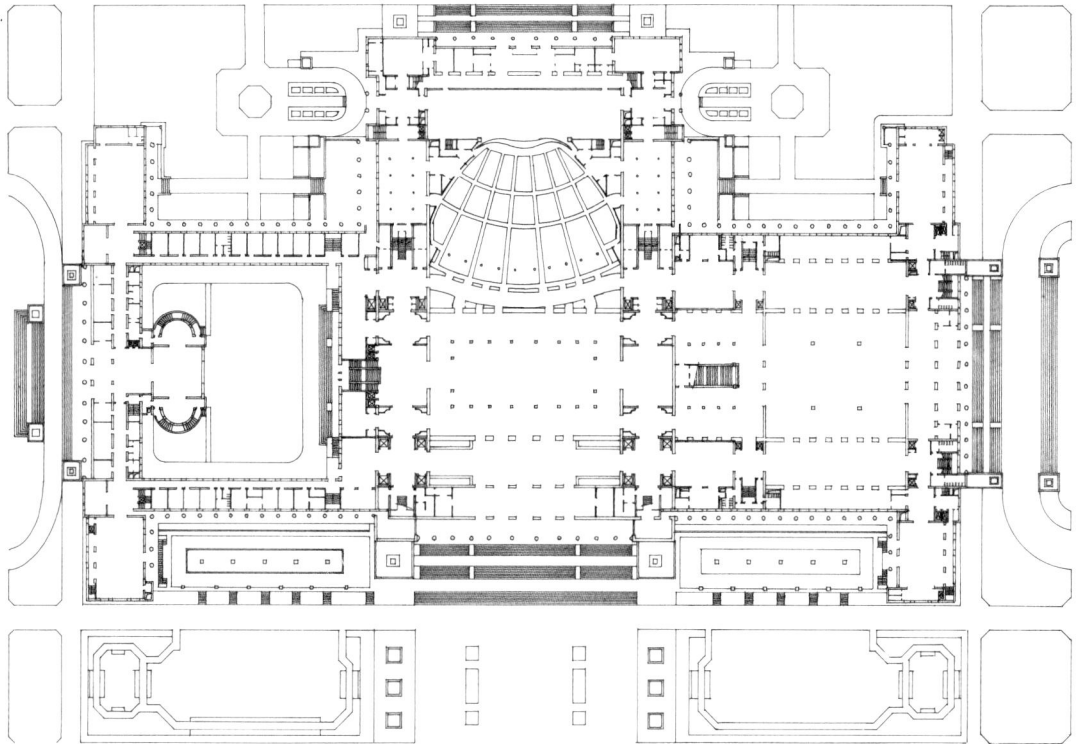

一层平面图

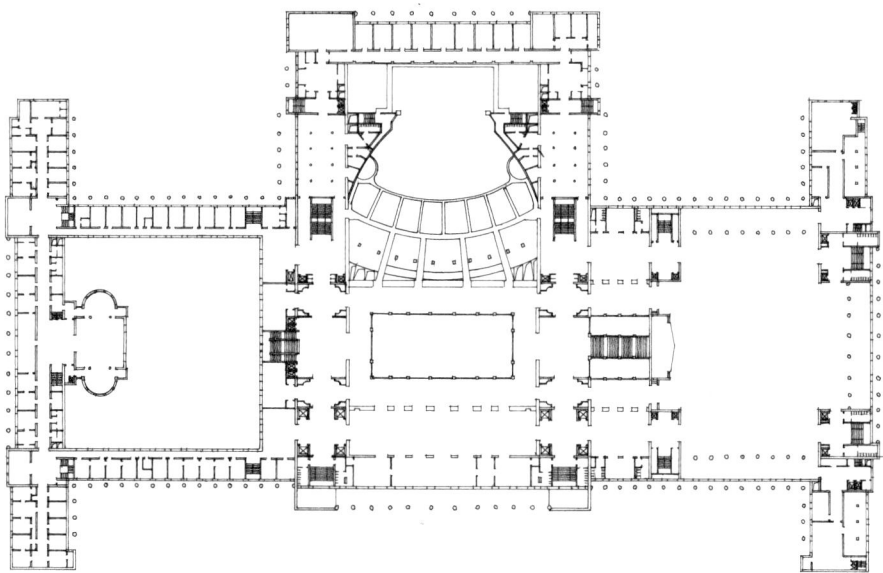

二层平面图

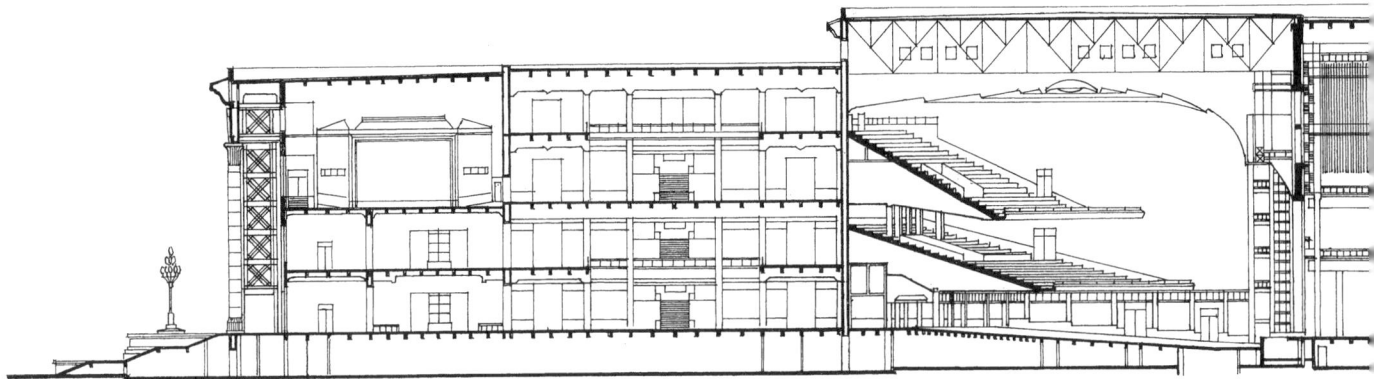

剖面图

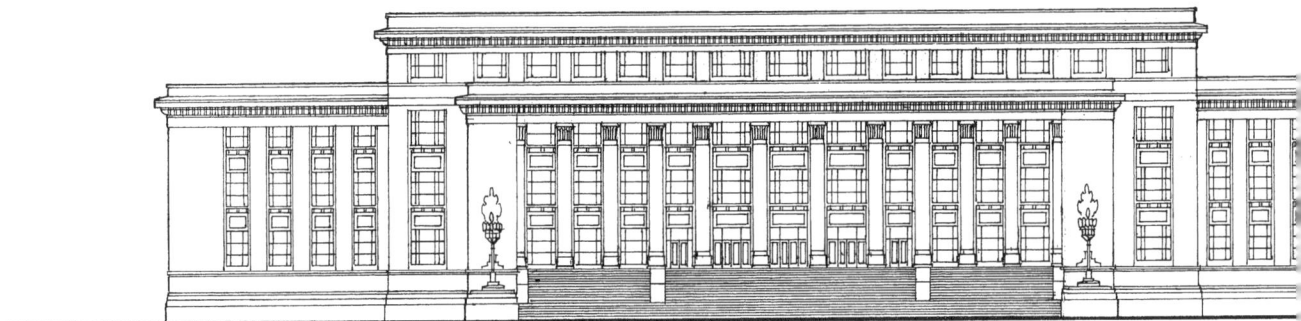

北立面图

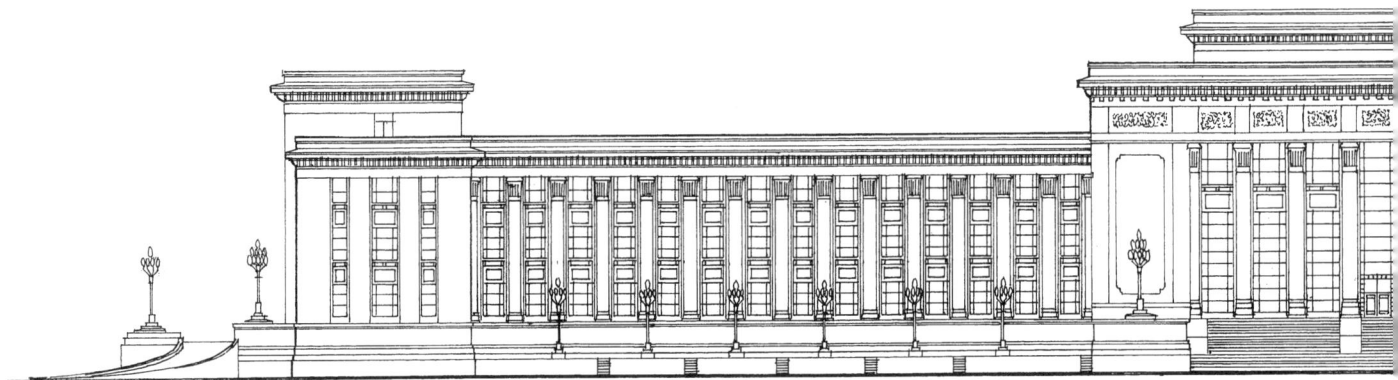

东立面图

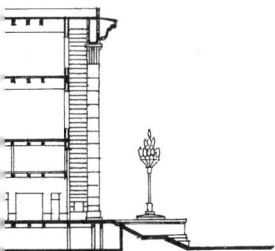

0   10   20   30m

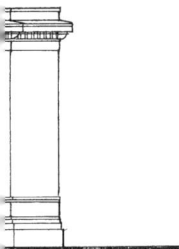

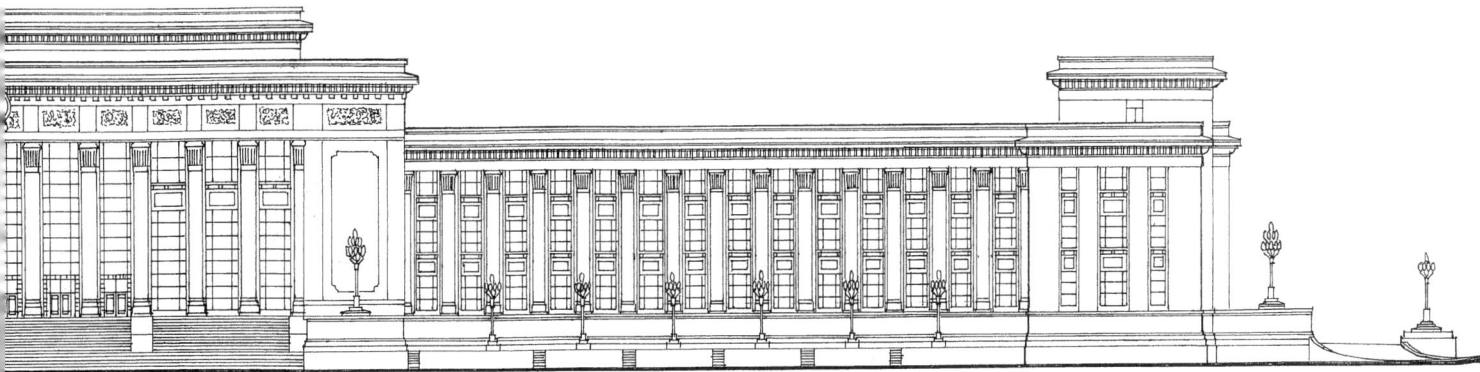

109. 北京站（1958 年）

北京站由杨廷宝率领的南京工学院设计团队进行前期方案设计和部分室内设计，陈登鳌主持的原北京工业建筑设计研究院完成后期施工图设计，共同协作于 1958 年 10 月设计，1959 年 1 月 20 日开工，9 月 10 日竣工，9 月 15 日开通运营。是中华人民共和国成立 10 周年首都十大建筑之一。

北京站位于东便门以西，东单和建国门之间的长安街以南。站舍大楼坐南朝北，东西宽 218 米，南北最大进深 124 米，高达 43.37 米，占地面积 25 公顷，建筑面积 46 700 平方米，站前广场 40 000 平方米。平面呈"中"字形对称布局，可自然采光通风。12 个候车室总面积达 14 000 平方米。

北京站的中央大厅和二层宽敞的高架跨线天桥采用预应力钢筋混凝土大扁壳，其中广厅扁壳跨度 35 米 × 35 米，是国内首次采用，造型新颖。广厅内安装 4 台中国自行研制的第一批自动扶梯，在各候车室和贵宾室安装了当时少见的空调设备。

外部造型在广厅两端楼梯顶部立重檐攒尖四面钟亭，其间为带三个拱券的大片通透玻璃幕墙，顶部立毛主席题写的"北京站"站名。立面两翼端部各立单檐角楼（周恩来总理提议），外墙饰以浅米色面砖、琉璃檐口，整座站舍既具强烈的民族特色，又显现代风格。

1. 北向俯视全景旧照

2. 北向鸟瞰全景旧照

3. 南向鸟瞰全景旧照

4. 远眺刚建成时的北京站旧照

5. 夜景靓影

6. 北立面全景现状

7. 主入口正面外景

8. 钟塔内侧近影

9. 钟塔外侧景观

10. 主立面东、西两端出站口屋顶外观

11. 1959 年刚建成时的广厅旧照

12. 广厅自动扶梯旧照

13. 二层广厅内景

14. 二层广厅侧景

15. 刚建成时的跨线进站天桥旧照

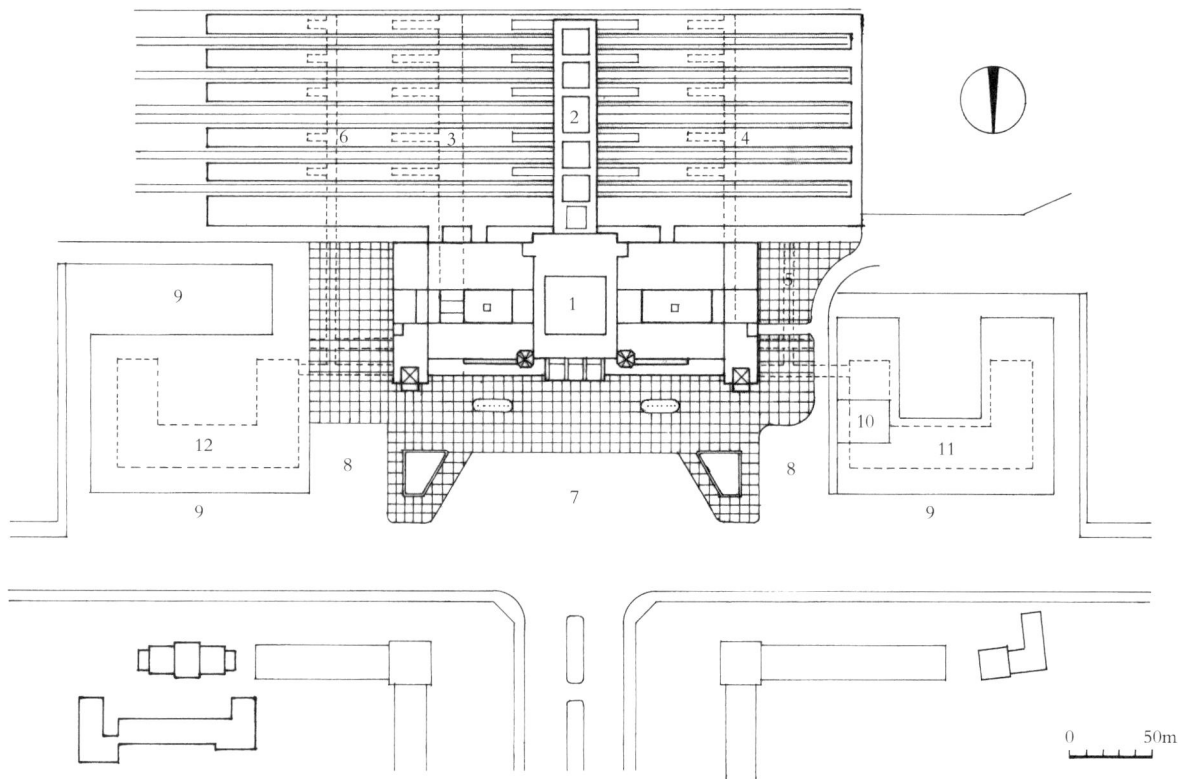

1.站舍　2.进站旅客高架廊　3.出站旅客地道　4.市郊旅客地道　5.电瓶车道　6.行包车道　7.小汽车停车场
8.公交车停车场　9.社会车辆停车场　10.自行车存放　11.拟建邮局　12.拟建综合服务楼

总平面图

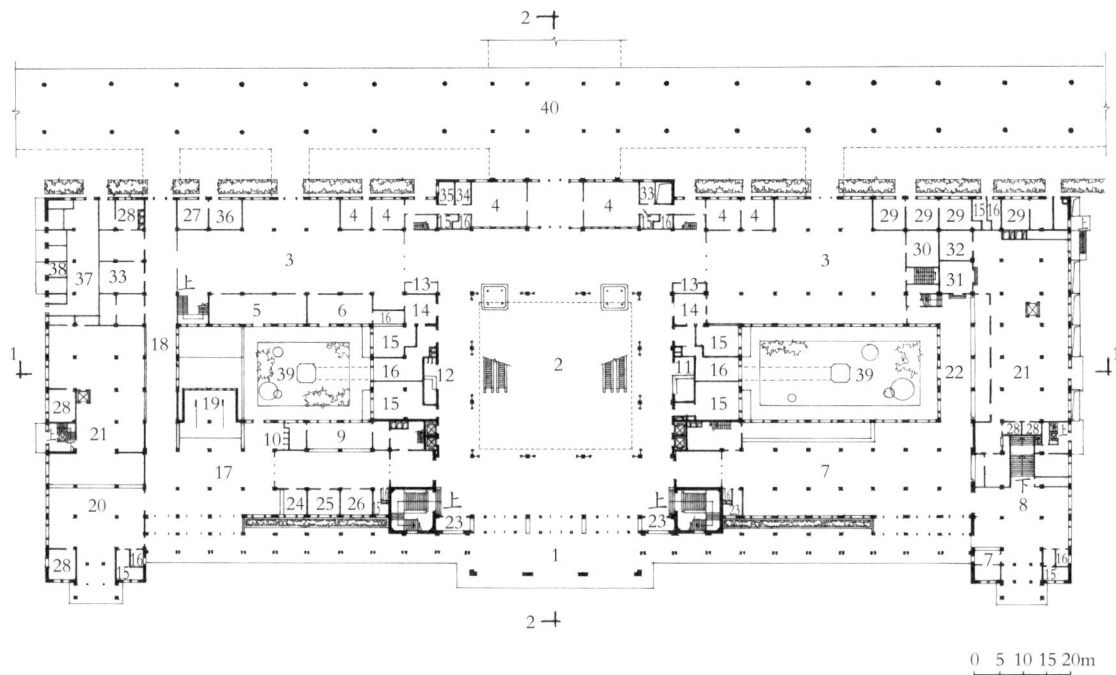

1.门廊　2.广厅　3.普通候车室　4.贵宾候车室　5.军人候车室　6.母子候车室　7.售票厅　8.市郊候车室　9.小件寄存　10.电话间　11.小卖　12.邮电　13.饮水　14.盥洗室　15.男厕　16.女厕　17.出口广厅　18.第一站台出口通道　19.中间站台出口地道　20.行李提取厅　21.行包房　22.行李托运厅　23.电视问讯处　24.外事处　25.招待室　26.军代表室　27.专运　28.办公室　29.行车办公室　30.备用　31.海关室　32.包装室　33.广播室　34.摄影室　35.录音室　36.公安室　37.附属用房　38.变电室　39.庭院　40.第一站台

一层平面图

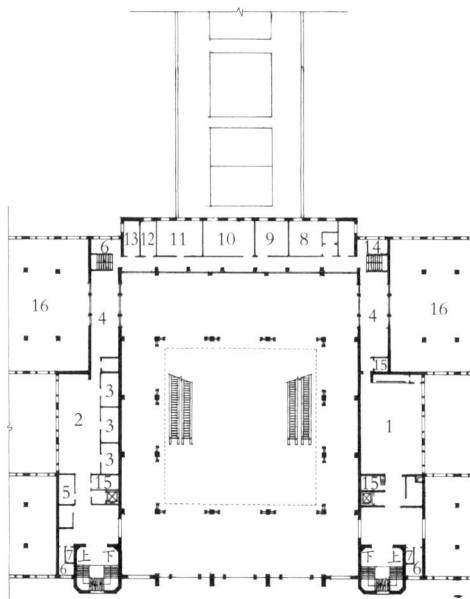

1.电影厅　2.俱乐部　3.电视　4.休息廊　5.理发　6.男厕　7.女厕　8.电池室　9.充电室　10.继电器室　11.站内机械室　12.市内工区　13.备用　14.信号工区　15.机房　16.候车室上空

夹层平面图

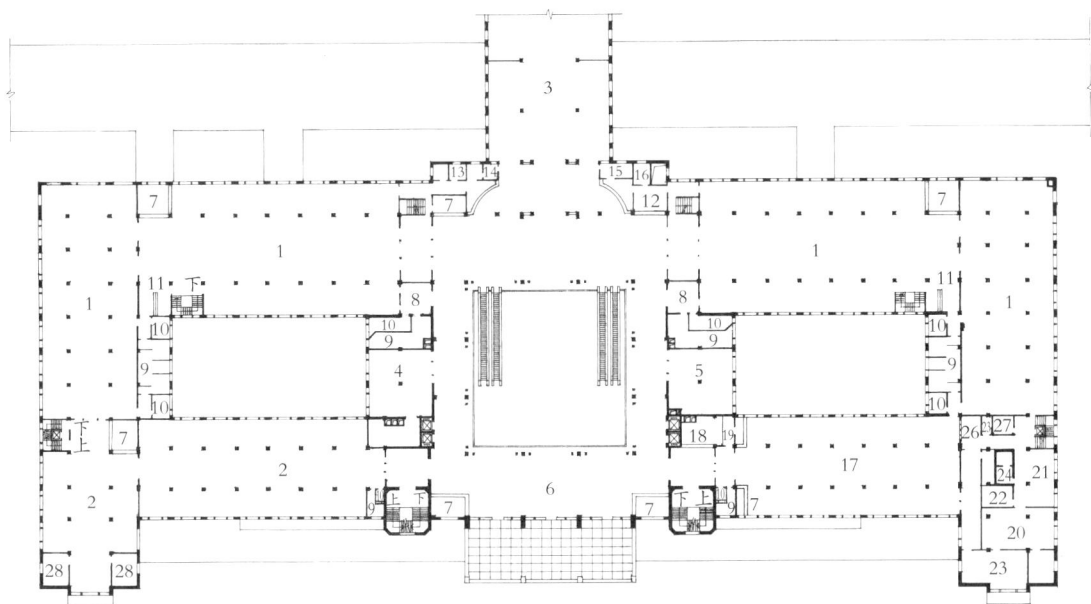

1. 普通候车室　2. 中转候车室　3. 高架厅　4. 母子候车室　5. 军人候车室　6. 文化阅览处　7. 小卖　8. 盥洗室　9. 男厕　10. 女厕
11. 饮水处　12. 小件寄存　13. 广播　14. 值班　15. 检票员休息　16. 民警值班室　17. 餐厅　18. 衣帽间　19. 记账室　20. 烹饪间
21. 粗加工　22. 冷菜间　23. 蒸煮间　24. 冷藏库　25. 冷冻机房　26. 洗碗　27. 办公室　28. 休息室

二层平面图

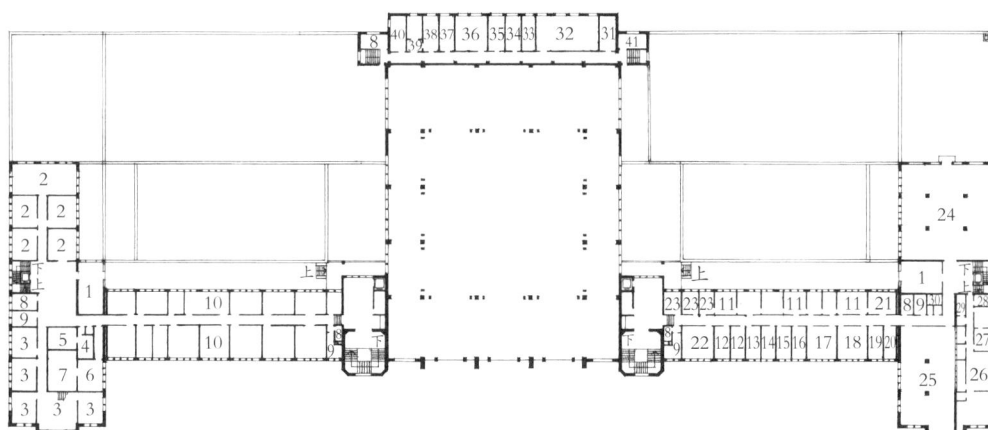

1. 会议室　2. 哺乳室　3. 间休室　4. 女更衣　5. 女浴室　6. 男更衣　7. 男浴室　8. 女厕　9. 男厕　10. 行政办公室
11. 售票办公室　12. 站长办公室　13. 党总支办公室　14. 党委办公室　15. 团委办公室　16. 团总支办公室
17. 总务办公室　18. 工会办公室　19. 人事办公室　20. 保卫办公室　21. 电话会议室　22. 防疫站　23. 休息　24. 俱乐部
25. 食堂　26. 厨房　27. 蒸锅　28. 食库　29. 冷贮室　30. 浴室　31. 总配线室　32. 自动总机室　33. 维修室　34. 自动值班室
35. 电码室　36. 操纵室　37. 通信机械室　38. 电报室　39. 值班室　40. 备用室　41. 通风机房

三层平面图

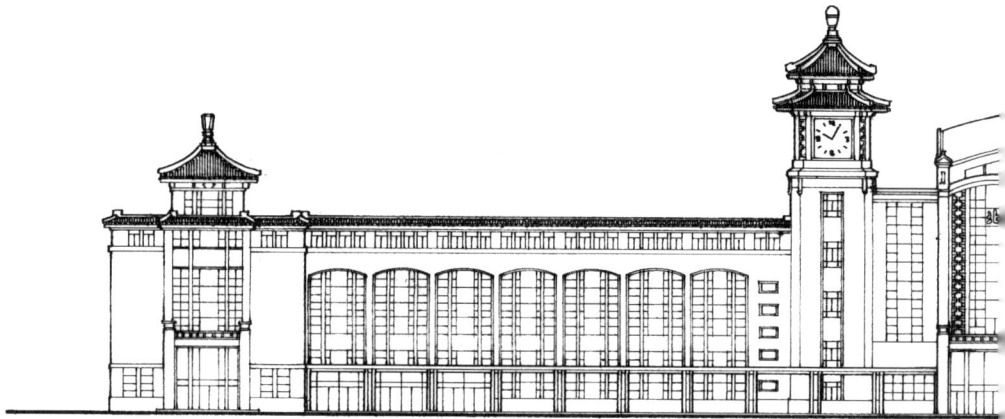

北立面图

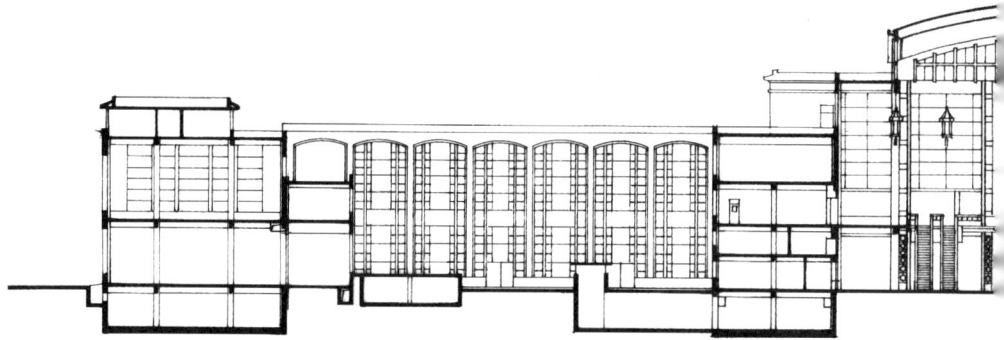

1—1剖面图

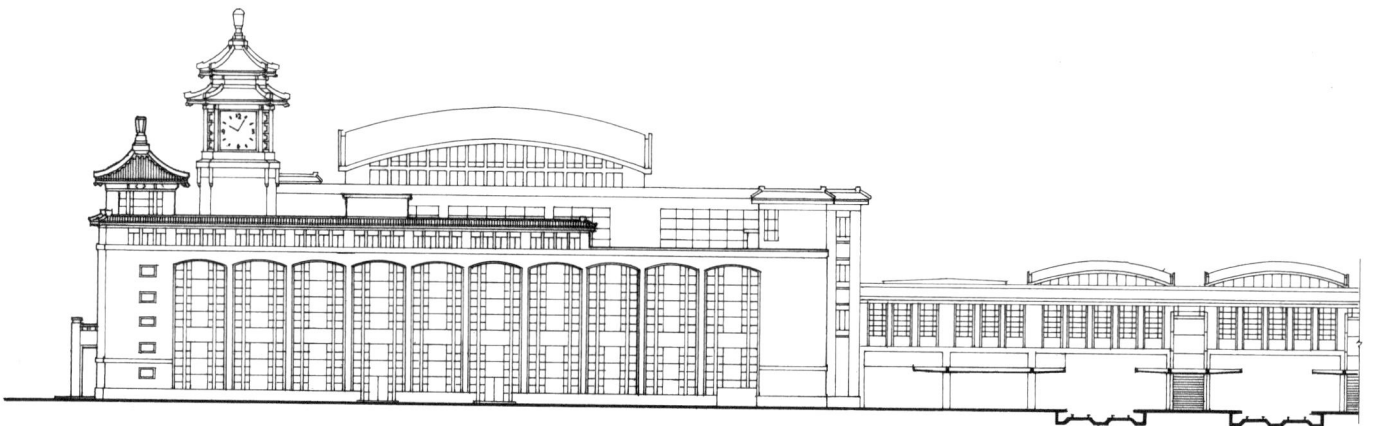

西立面图

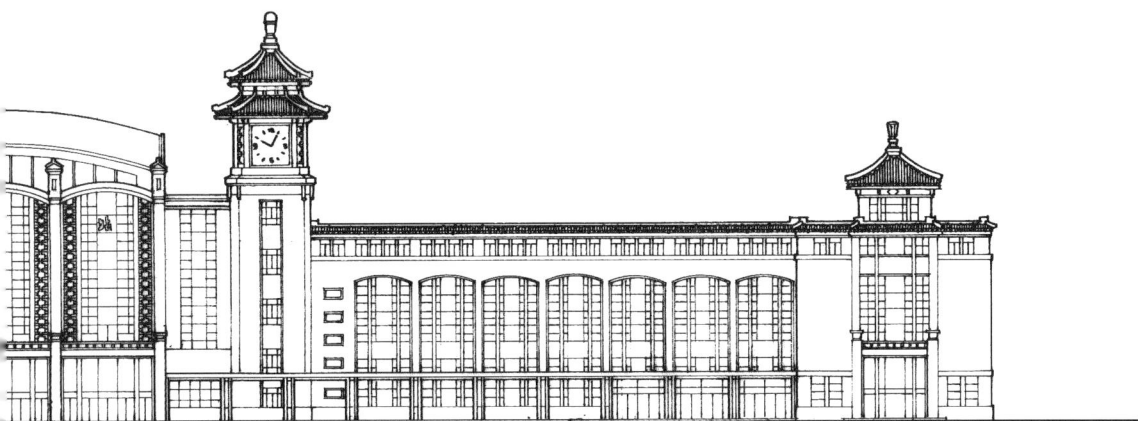

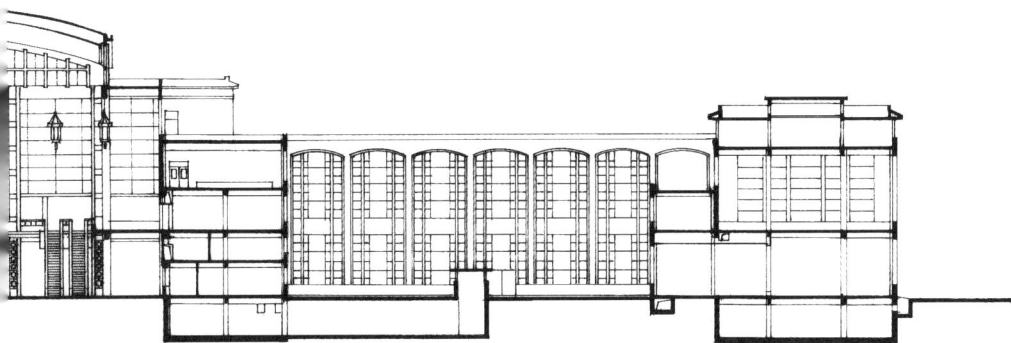

0   10   20m

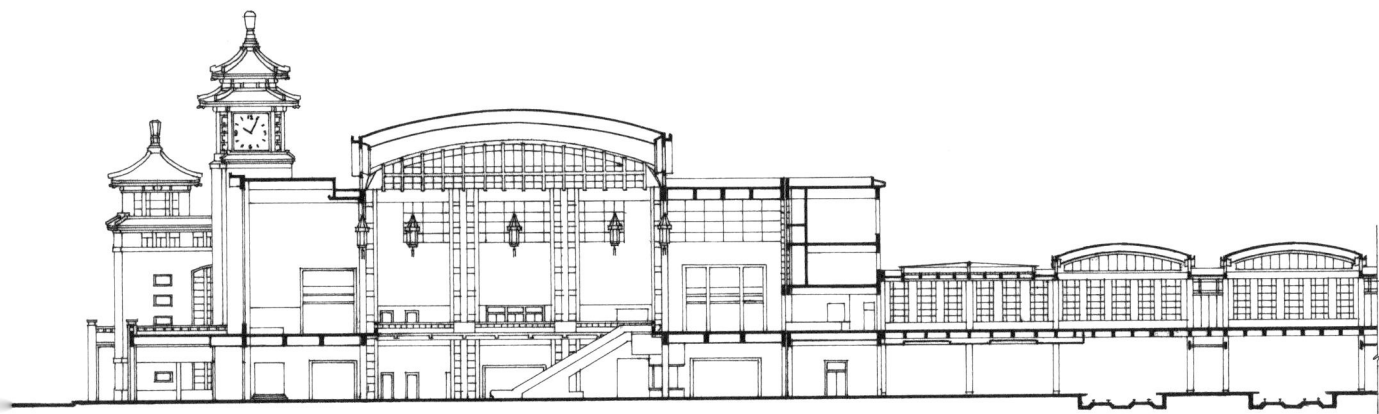

2-2 剖面图

0   10   20m

110. 徐州淮海战役烈士纪念塔（1959年）

淮海战役烈士纪念塔位于徐州市东南郊凤凰山东麓。1959年4月由国务院批准兴建，是年7月开始设计，1960年4月5日奠基，1965年10月1日建成开放。

纪念塔高38.15米，宽12米。塔身钢筋混凝土结构，外贴花岗石，正面镶嵌着毛主席当年题写的"淮海战役烈士纪念塔"镏金大字。塔座正面镌刻着石碑镏金碑文，两侧为大型汉白玉浮雕。塔下平台宽55米，深48米，三面碑廊环抱，四角设碑亭。南北廊内石碑镌刻有刘少奇、周恩来、朱德、邓小平、刘伯承、粟裕、谭震林等领导人的题词和三万多烈士名录。西廊内装贴着长45米，高3米，由22块陶板拼装而成的大型陶瓷壁画决战，再现了当时气势磅礴的场面。塔正前方为宽敞的平台，并向山坡下延伸长250米，宽31米，计10段129级台阶，烘托出纪念塔更加巍峨挺拔的气势。

纪念馆由江苏省建筑设计院设计，杨廷宝对入口门廊作重檐琉璃瓦顶的修改设计指导。

1979年烈士陵园扩建接待室、群众服务设施和东大门，杨廷宝又应邀做了总体布置和东大门设计草图。

1. 鸟瞰渲染图

2. 北大门全景

3. 纪念塔模型

4. 全景

5. 塔身浮雕群像

6. 近景

7. 碑廊

8. 壁画

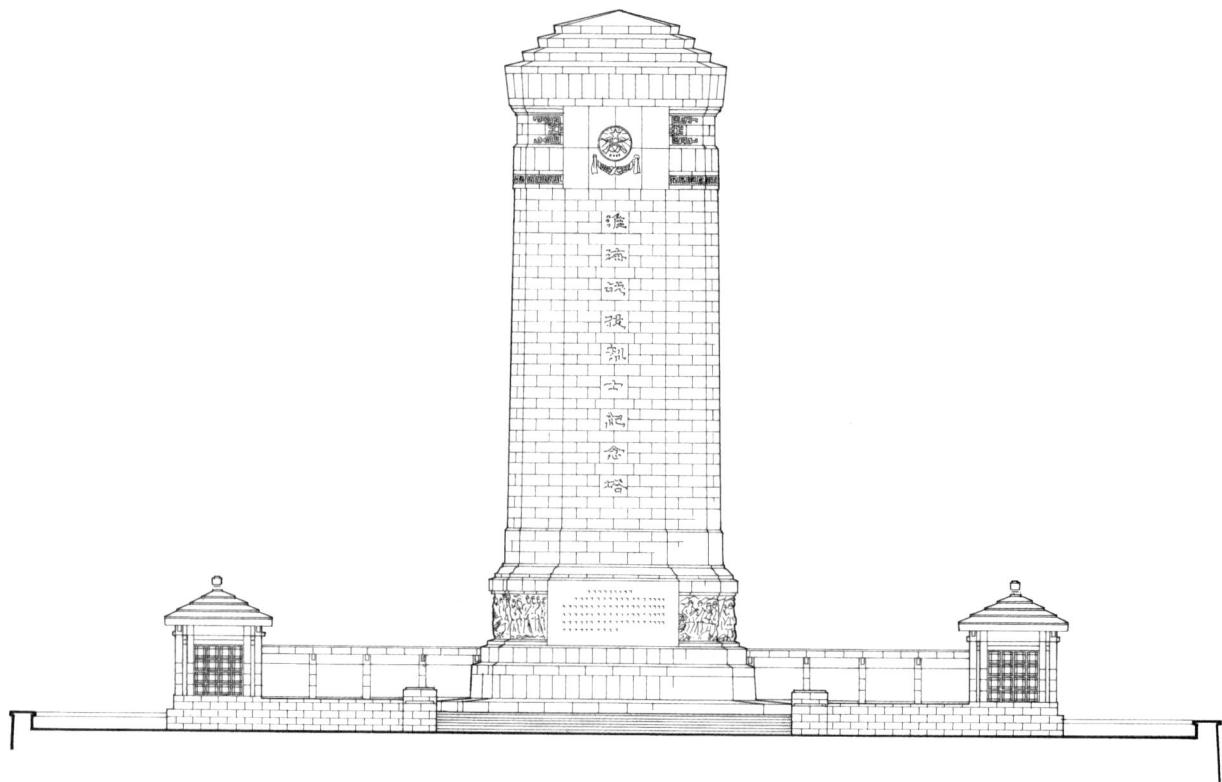

东立面图

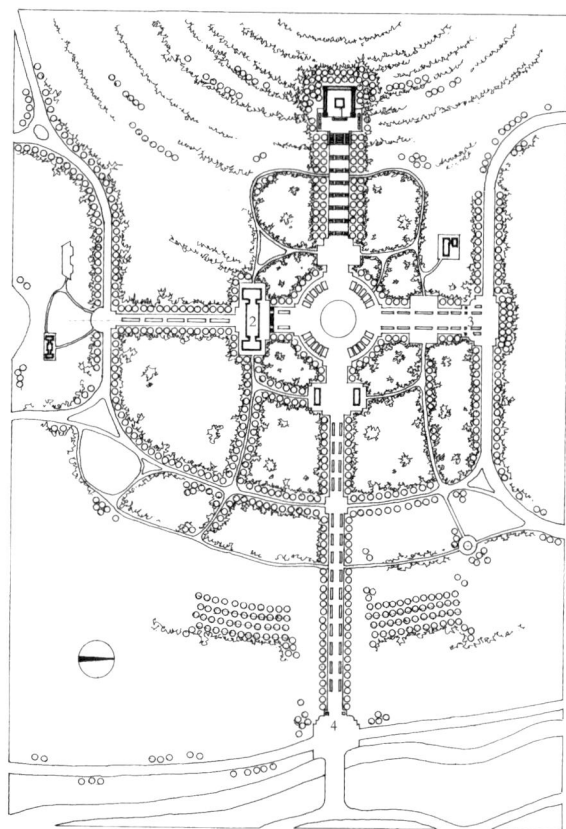

1. 纪念塔 2. 纪念馆 3. 北大门 4. 东大门

0　50　100m

总平面图

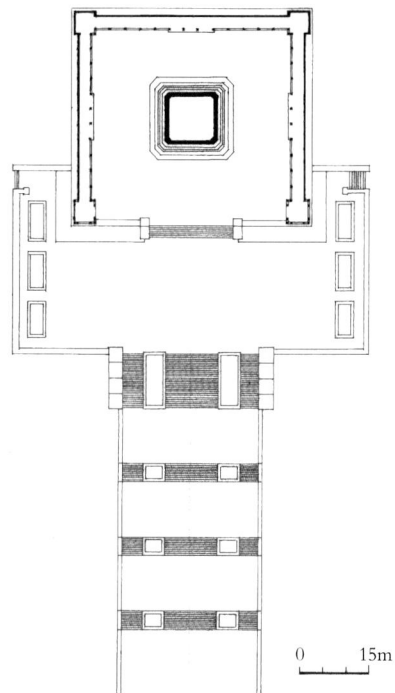

0　15m

平面图

111. 南京民航候机楼（1972年）

南京民航候机楼位于南京市秦淮区光华门外原大校机场内，1972年5月由杨廷宝主持，会同江苏省建筑设计研究院进行新候机楼的设计。

民航候机楼平面呈"凸"字形，全长99米，中部进深32米，两翼进深18米，高2层（约9米），东北端指挥塔高5层。地面以上建筑面积4 280平方米。

一层平面主入口面向西北城市方向，旅客从业务大厅办理相关登机手续后，径直到达候机厅，流线短捷，空间流通。候机厅两侧分别为普通旅客餐厅（二层）、厨房（一层）和贵宾休息住宿（一层）、内部办公用房（二层）。

建筑外观舒展简洁、通透明亮，指挥塔高耸，造型具有现代航空建筑的特征。

1997年南京禄口国际机场建成启用后，南京民航才搬迁至禄口机场，民航候机楼至此完成历史使命。

1. 全景

2. 外景

3. 入口雨棚

4. 候机厅内景

5. 候机厅东端内景

6. 候机厅西端内景

7. 贵宾室内景

8. 餐厅内景

9. 2015 年已废弃的南京民航候机楼北立面鸟瞰

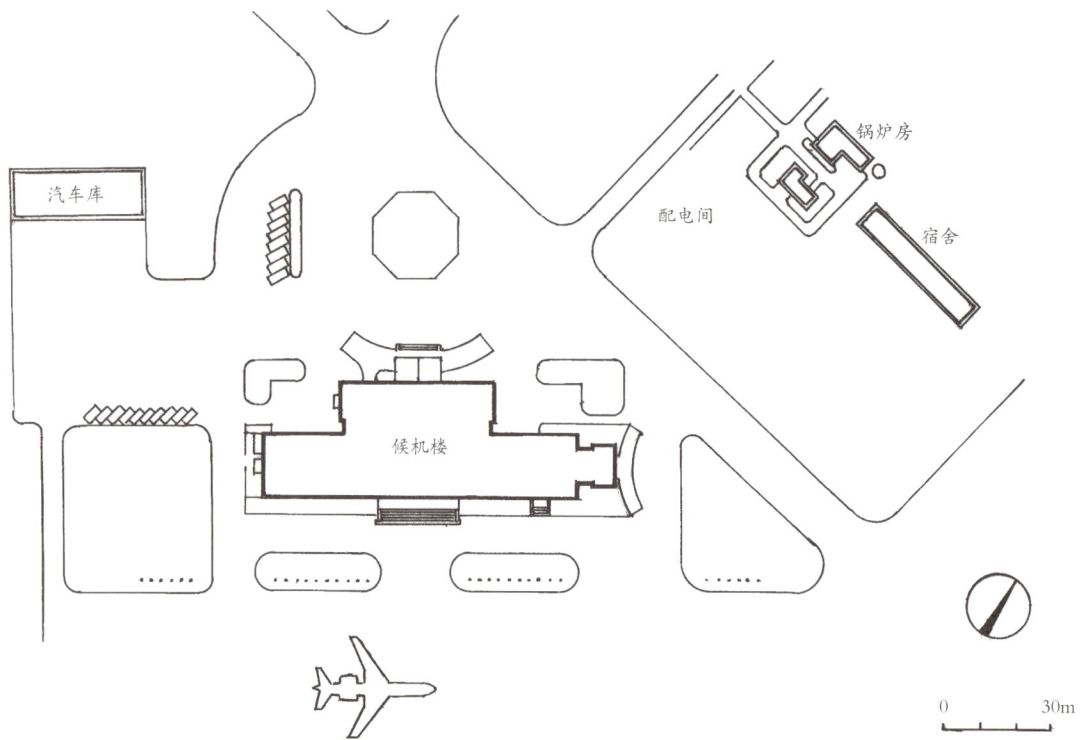

总平面图

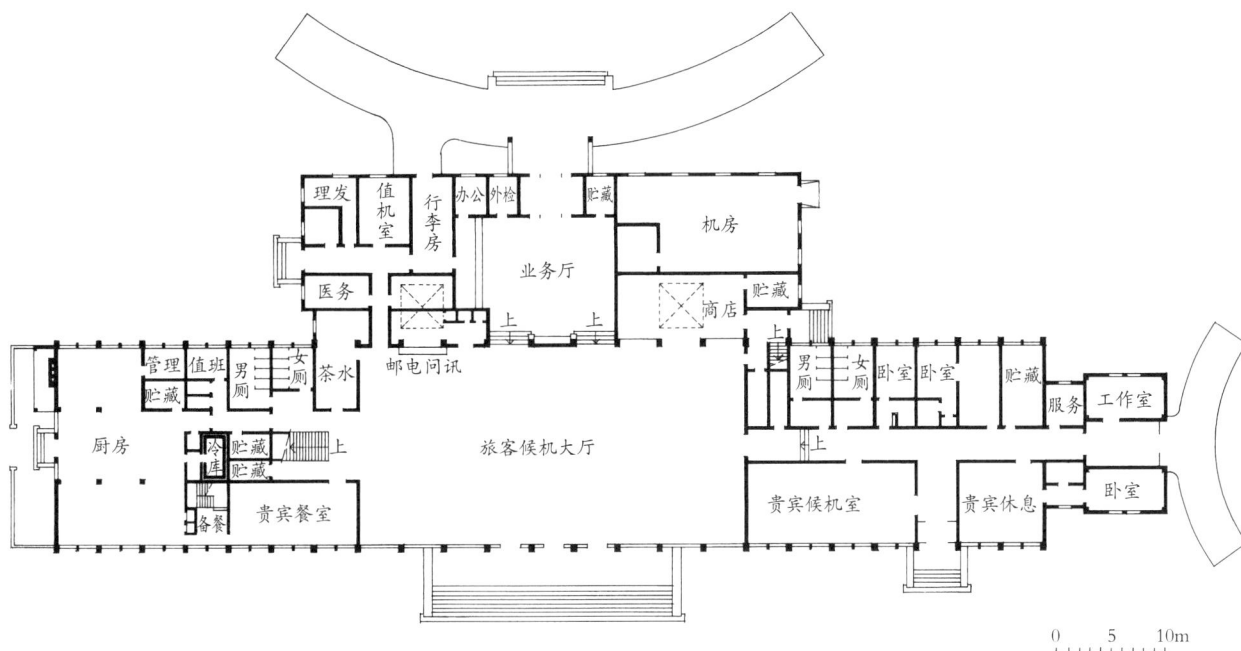

一层平面图

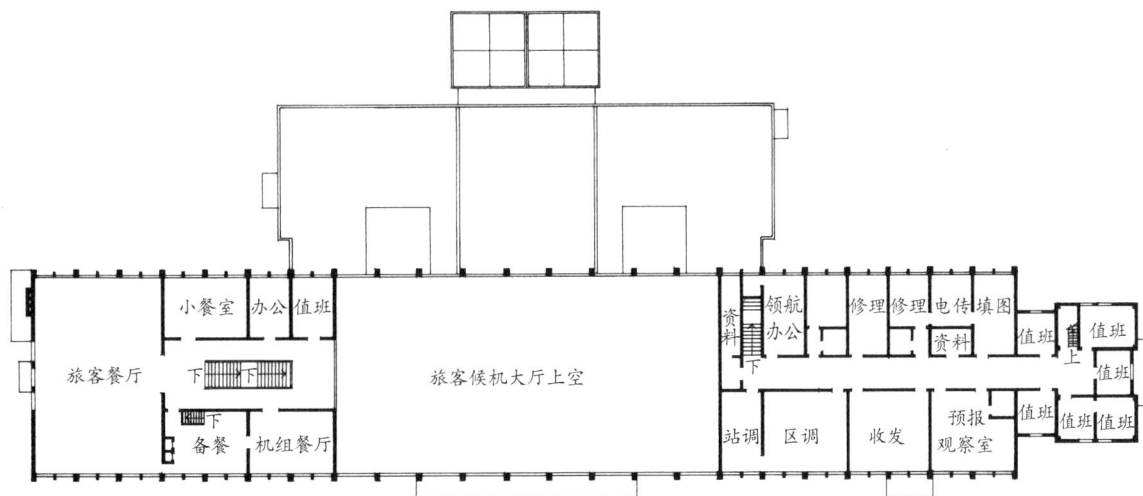

二层平面图

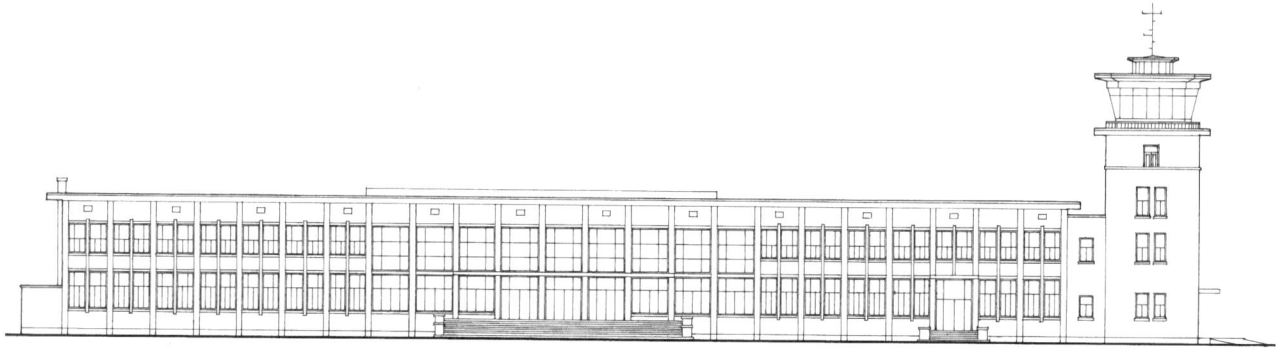

南立面图

北立面图

东立面图

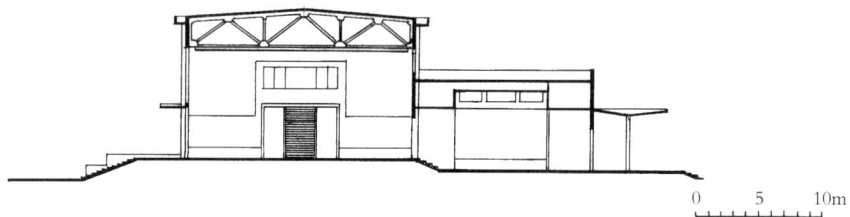

剖面图

112. 北京图书馆新馆（1975 年）

北京图书馆新馆位于北京市西郊紫竹院公园北侧，东临白石桥路。于 1975 年 3 月经国务院批准新建。杨廷宝应邀参加了由国家建委主持，汇集了全国十大设计院、高校及相关部门专家的多次方案设计研讨会。最后以杨廷宝、戴念慈、张镈、吴良镛、黄远强五位老专家合作的方案为基础，由中国建筑科学研究院设计所（现建设部建筑设计院）和中国建筑西北设计院进行方案调整和扩初设计，并于 1983 年 6 月完成施工图设计，是年 11 月 18 日开工，1987 年 7 月 1 日竣工，10 月 15 日对外开放。1998 年 12 月更名为中国国家图书馆。

新馆第一期工程占地面积 7.42 公顷，建筑面积 14 万余平方米，建筑设计采用高书库低阅览、院落式布局，使之富有中国民族及文化传统的特色。主楼 22 层，高 61 米，裙房 4 层，局部 5 层，分为中央区（书库）、东楼区（社科、善本、少数民族语文文献阅览室、学术会议，多功能厅等）、南楼区（目录出纳、各阅览室等）、北楼区（音像视听资料阅览室等）、西楼区（中、外文期刊阅览室、缩微文献阅览室等），东北角为展览厅、报告厅，最北为业务行政办公楼及设备后勤等用房。

新馆外观高低错落、对称严谨。主立面四层为孔雀蓝四坡顶、淡乳灰色面砖墙面、粒状大理石线脚、花岗石基座和台阶、汉白玉栏杆，在紫竹院绿荫的衬托下，增添了现代图书馆清新典雅的气质和中国书院的特色。

1. 1987 年开馆全景

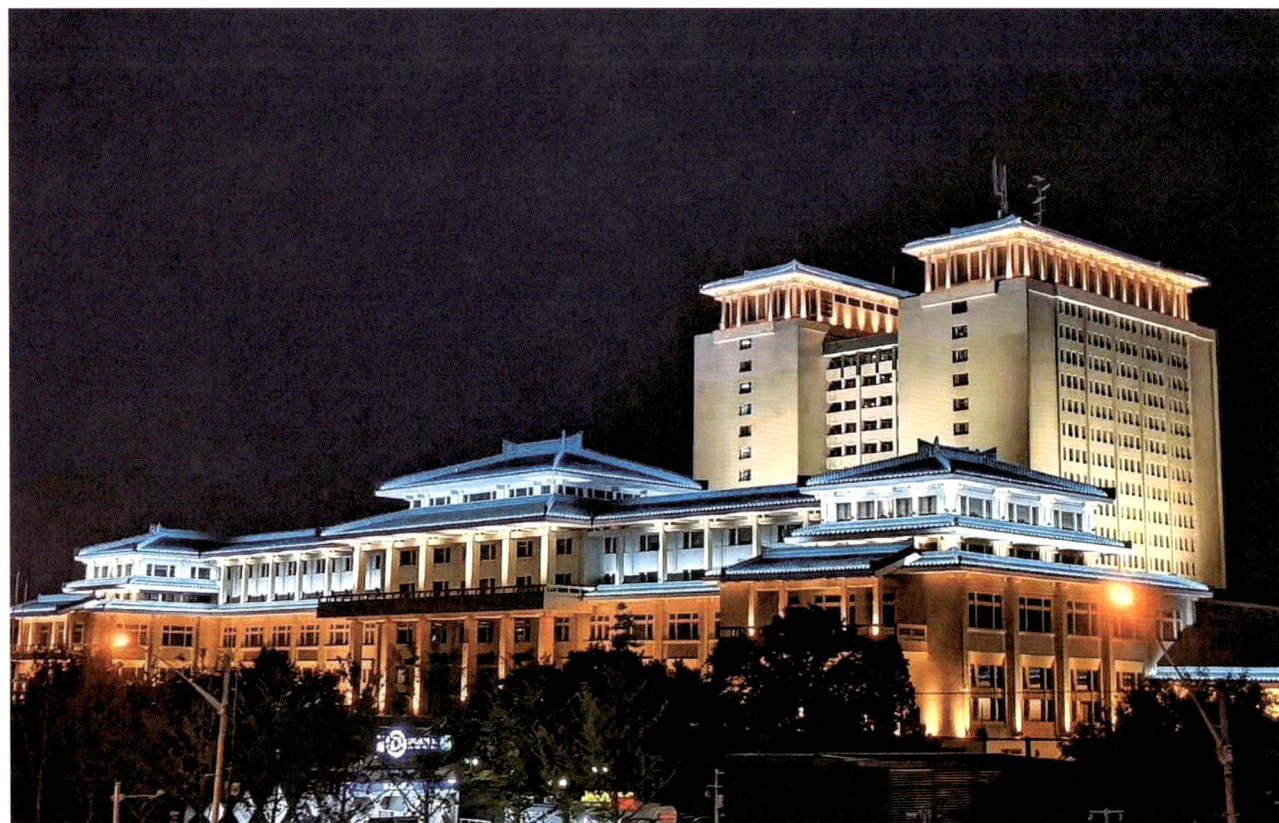

2. 夜景

3. 公共走廊

4. 1987 年开馆时的目录检索大厅

5. 1987 年开馆时的文津厅

杨廷宝方案设想说明与平面布局手稿

杨廷宝方案设想鸟瞰手稿

113. 毛主席纪念堂（1976 年）

　　毛主席纪念堂设计是在八省市著名建筑师、美术家集思广益提出多方案的基础上，由北京市建筑设计院等单位组成的毛主席纪念堂规划设计组最终完成。1976 年 11 月 24 日奠基，1977 年 5 月 24 日落成。杨廷宝应邀参与了毛主席纪念堂方案设计的前期讨论。

　　纪念堂位于天安门广场中轴线上，中心点距人民英雄纪念碑、正阳门各 200 米。纪念堂庭院南北长 260 米，东西宽 220 米。其外围四周留有 30~70 米宽的活动场地，可使原来广场容纳 40 万人扩展到容纳 60 万人，当举行重大政治集会时，纪念堂将为广大群众所环绕，以体现毛主席永远活在人们心中的构思。纪念堂南面设有小广场，便于瞻仰群众的疏散和停留。

　　纪念堂建筑面积 28 000 平方米，平面为 75 米见方，高 33.6 米，坐落在高 4 米、底边长 105.5 米的两层方形台基上。主入口朝北，面向天安门广场。首层有安放毛主席遗体的瞻仰厅、北大厅、南大厅以及 4 个面积不等的首长和外宾休息室。二层为毛泽东、周恩来、刘少奇、朱德、邓小平、陈云革命业绩纪念室以及电影厅。地下室为机电设备用房、库房及办公用房等。

　　建筑造型为重檐周边柱廊式，各立面均为 11 开间，其明间、次间、稍间宽度按中国古典建筑做法依次递减。梁柱交接仿传统木结构形式，上下额枋间嵌华板。黄色琉璃挑檐板面饰万年青纹样，四角做凸起花饰，似中国传统建筑的飞檐翼角，颇具传统民族风格。

1. 北立面全景

2. 南立面全景

3. 西立面外景

4. 南立面俯视全景

5. 环境绿化

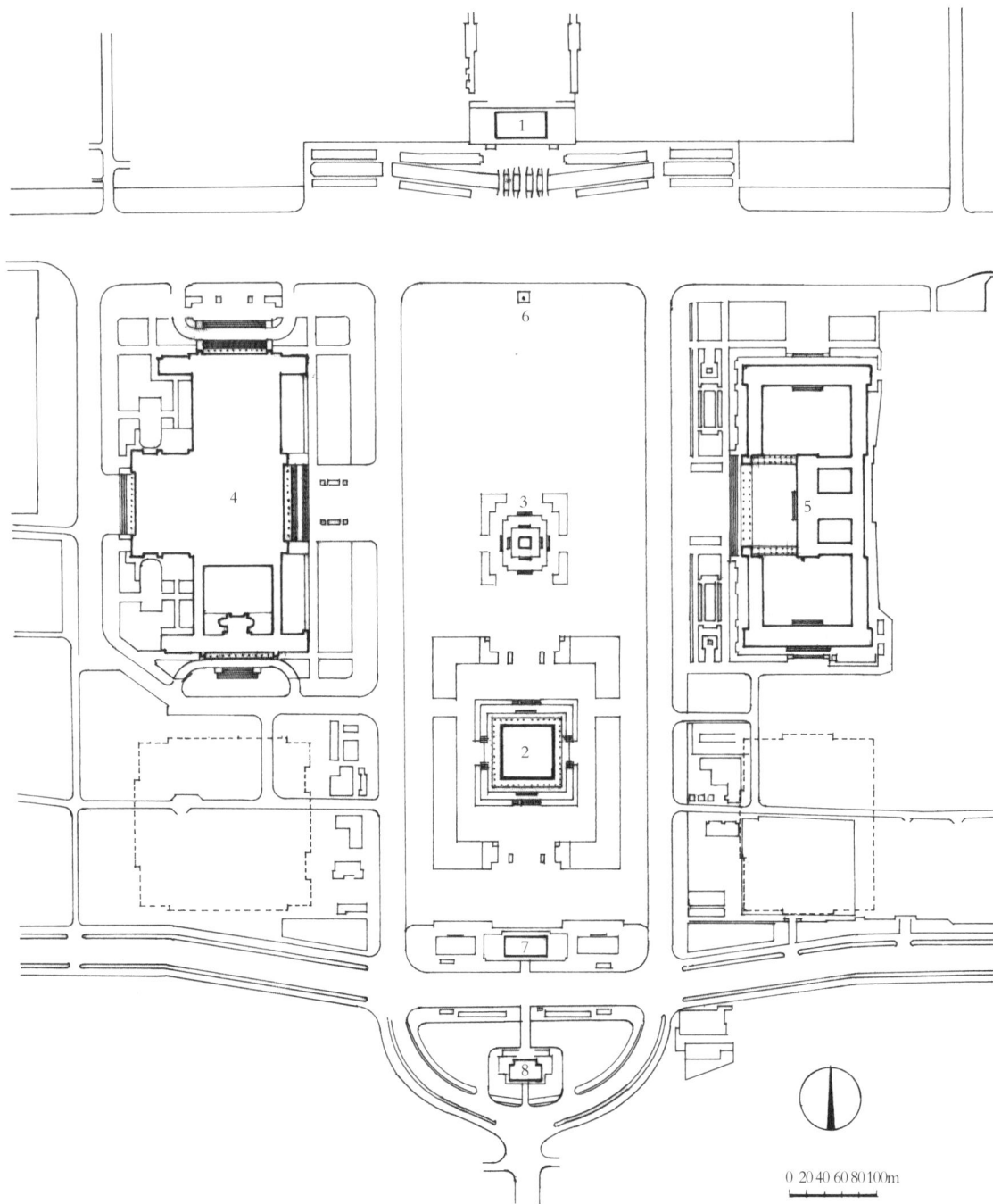

1. 天安门　　2. 毛主席纪念堂　　3. 人民英雄纪念碑　　4. 人民大会堂　　5. 革命历史博物馆

6. 国旗杆　　7. 正阳门　　8. 箭楼

总平面图

1.北门厅　2.北大厅　3.瞻仰厅　4.南大厅　5.南门厅　6.大休息厅　7.小休息厅　8.东门厅（兼休息厅）
9.西门厅（兼休息厅）　10.服务间　11.工作间　12.设备间　13.男厕　14.女厕

一层平面图

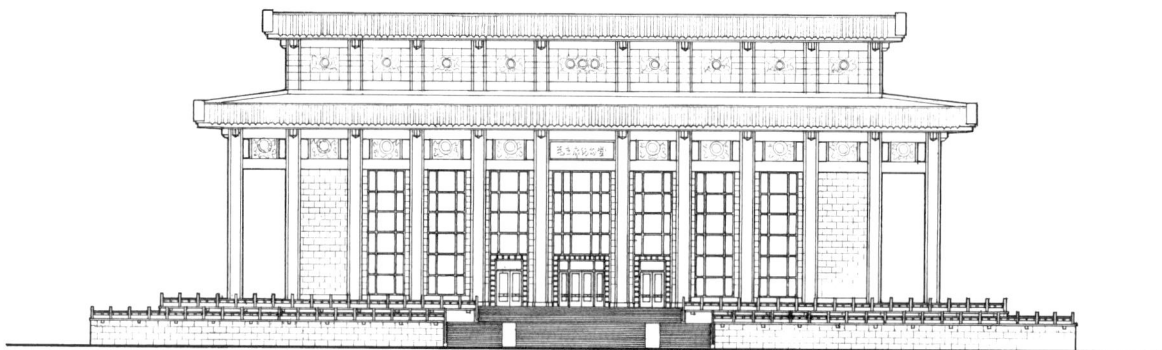

南（北）立面图

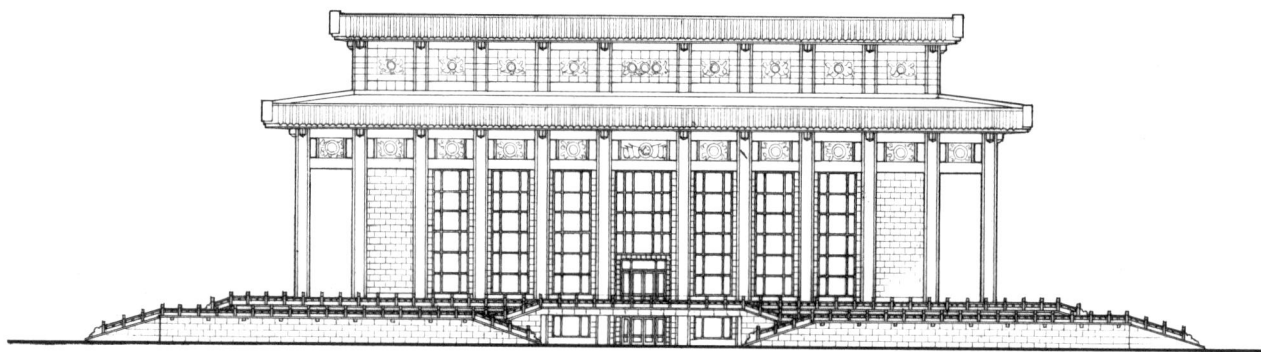

东（西）立面图

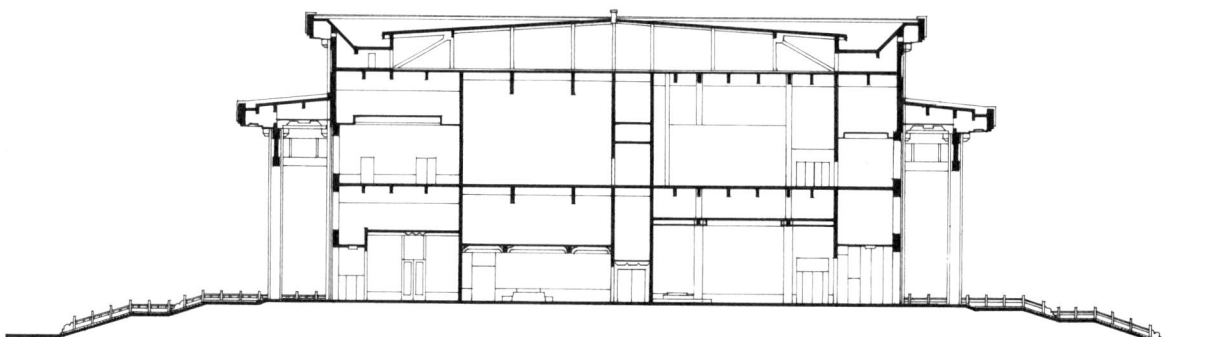

0　5　10m

剖面图

114. 上海南翔古漪园逸野堂（1979 年）

　　古漪园位于上海市西北郊嘉定区南翔镇。逸野堂为古漪园中主要厅堂之一。1937 年毁于日本侵华战火，1979 年初夏，杨廷宝等受上海园林局委托，按《江南园林志》记载对逸野堂进行重建设计。由南京工学院建筑研究所完成建筑设计，建筑结构设计及施工指导均由上海市园林局建筑设计室完成。

　　逸野堂坐东朝西，面宽 12.6 米，进深 8.6 米，建筑面积 130 平方米。登堂可四面赏景，故俗称"四面厅"。在修复设计过程中，根据园中建筑、树木、山石等布局现状，特意把两棵明代盘槐组织在堂前入口两侧。堂前就地势环境设曲廊亭阁，以增加景观和丰富空间。

　　逸野堂外形采用我国南方园林传统式样，歇山黛瓦，飞檐翼角，赤柱石基，卷棚门廊。内部木构架改为钢筋混凝土结构。造型飘逸，玲珑剔透。

1. 西立面全景

2. 北立面外景

3. 西南角外景

4. 入口门廊

5. 南立面景观

6. 入口门廊外望

7. 檐廊

8. 内景

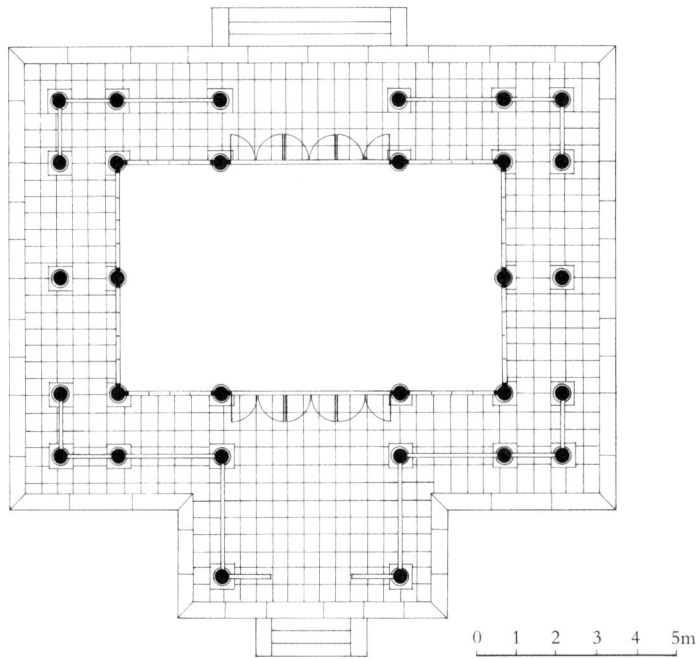

平面图

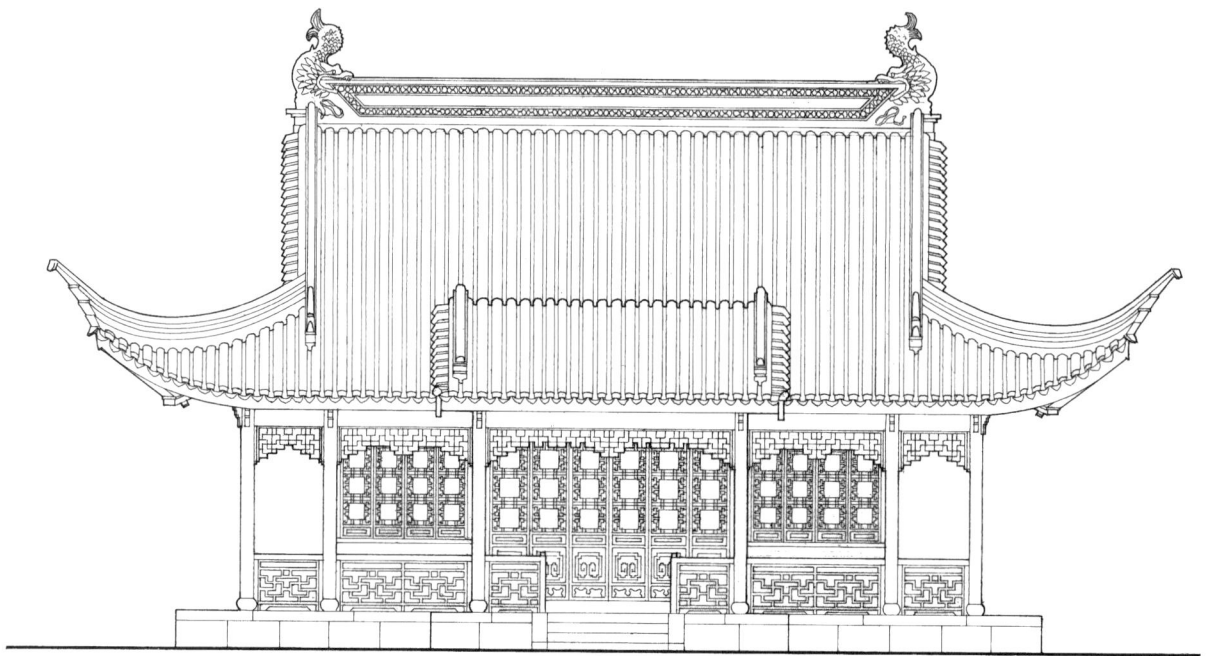

南立面图

东立面图

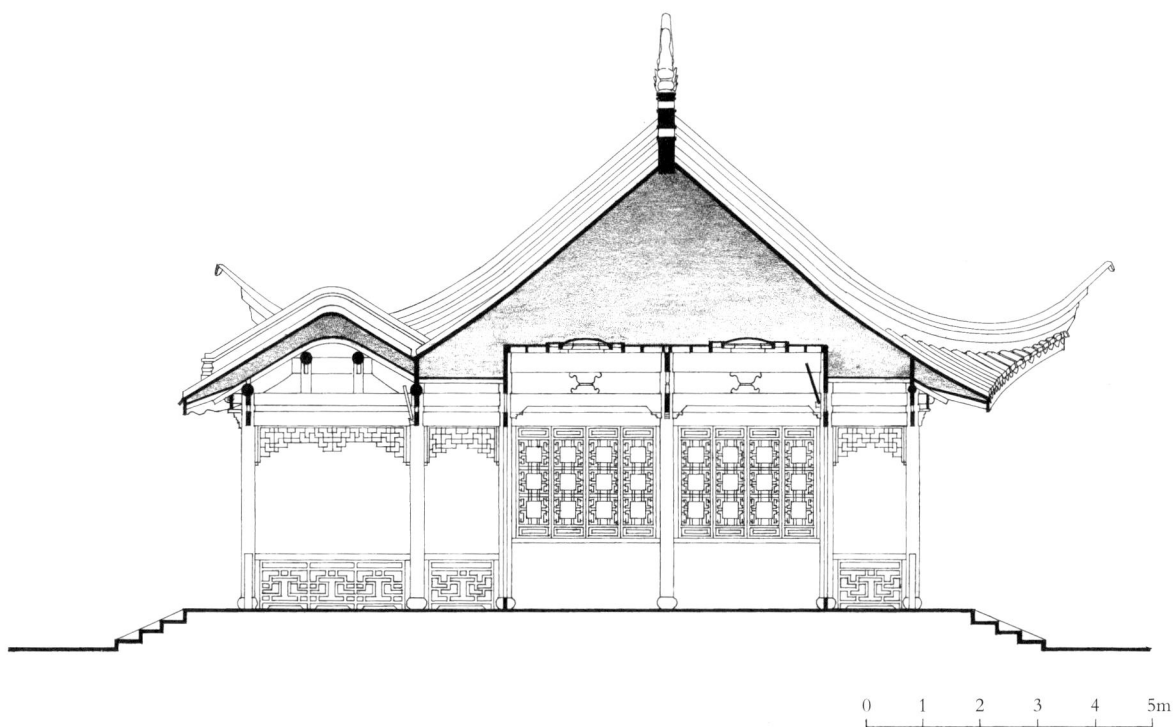

剖面图

0　1　2　3　4　5m

115. 江苏泰兴杨根思烈士陵园（1979 年）

　　杨根思烈士陵园位于江苏省泰兴市根思乡（原名杨货郎店）宣泰路 49 号，是为祭奠、缅怀抗美援朝特级战斗英雄杨根思而建。1951 年，当地老百姓曾自发筹资建有杨根思祠和纪念碑。后经多次修缮添建。1979 年，由杨廷宝主持了扩建设计，于 1980 年更名为杨根思烈士陵园。

　　杨根思陵园占地 39 102 平方米，建筑面积 4 100 平方米。在陵园中轴线上，陵园大门、卧碑、烈士塑像、陈列馆、纪念堂、保留祠堂及衣冠冢依次由南向北布局。陵园四周河道环护，园内青松翠柏葱郁，草坪鲜花衬托，清新芳香沁人，一派庄严肃穆、宁静优雅的环境氛围。

1. 省文保碑

2. 1951 年，杨根思烈士祠堂旧影

3. 1951 年，杨根思烈士碑旧影

4. 大门全景

5. 卧碑正面全景

6. 杨根思雕像

7. 陈列馆前广场

8. 陈列馆外景

9. 俯视纪念馆广场

10. 陈列馆北立面外景

11. 鸟瞰全景

12. 纪念堂西立面外景

13. 保留的祠堂侧景

14. 纪念堂南立面外景

15. 衣冠冢

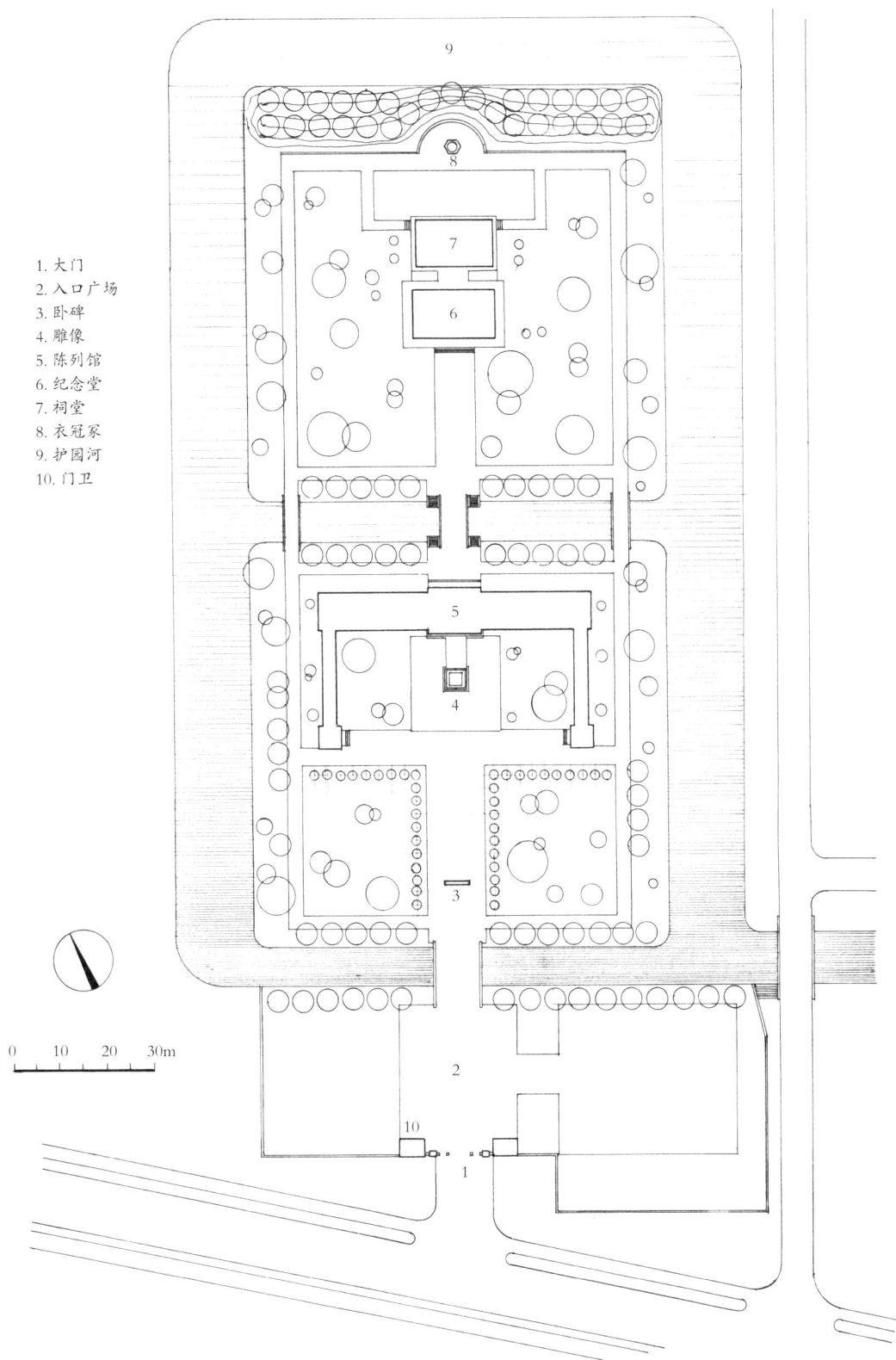

1. 大门
2. 入口广场
3. 卧碑
4. 雕像
5. 陈列馆
6. 纪念堂
7. 祠堂
8. 衣冠冢
9. 护园河
10. 门卫

总平面图

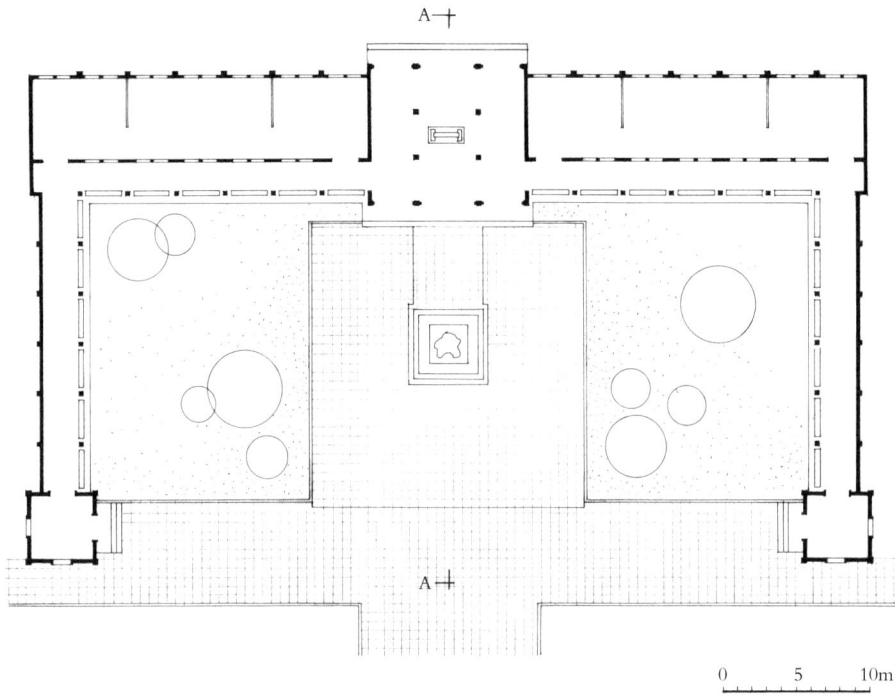

陈列馆平面图

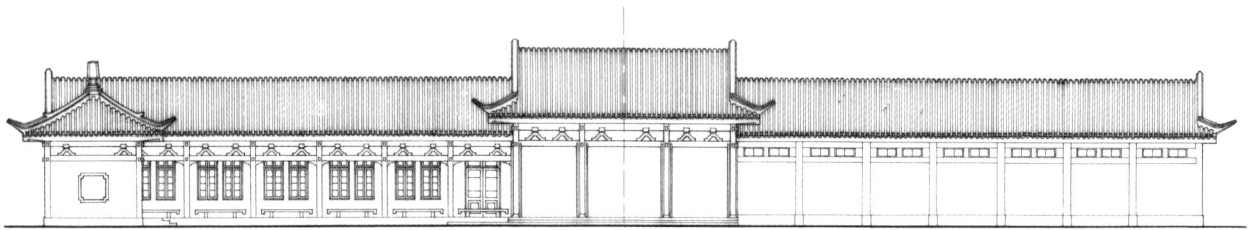

南立面图 北立面图

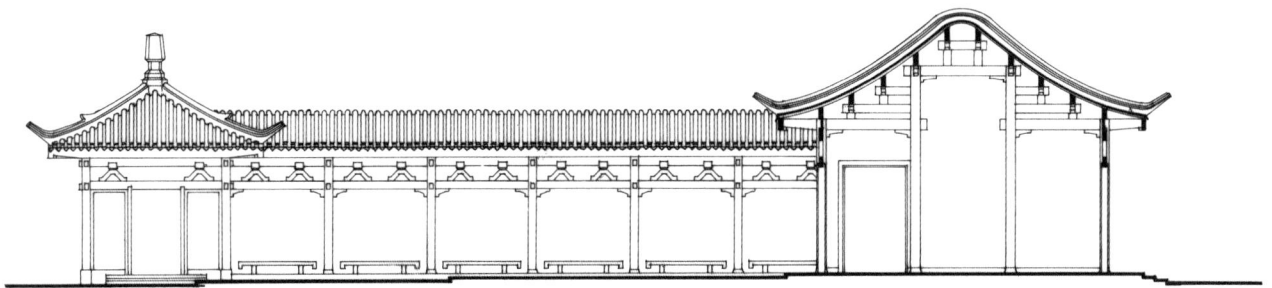

A—A 剖面图

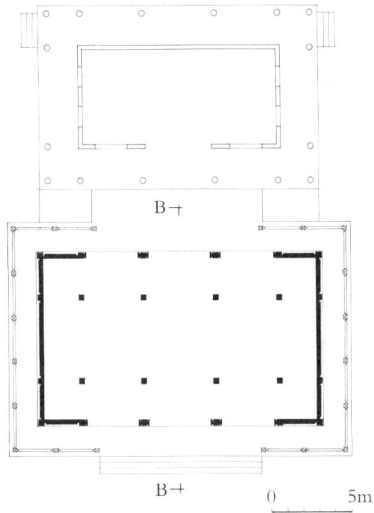

纪念堂平面图

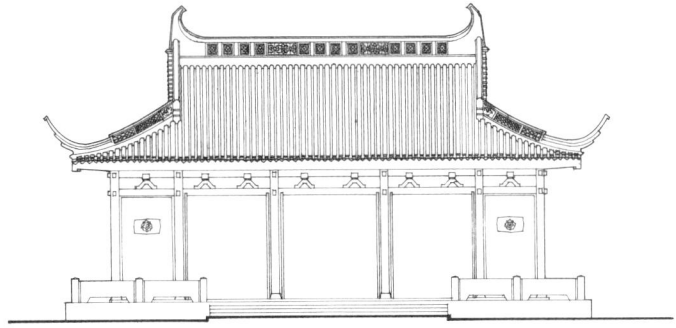

纪念堂南立面图

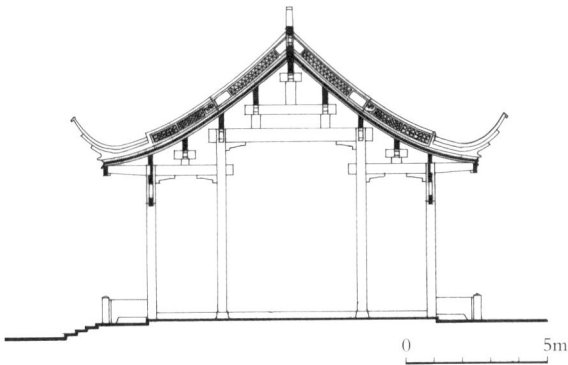

0 5m

B-B 剖面图

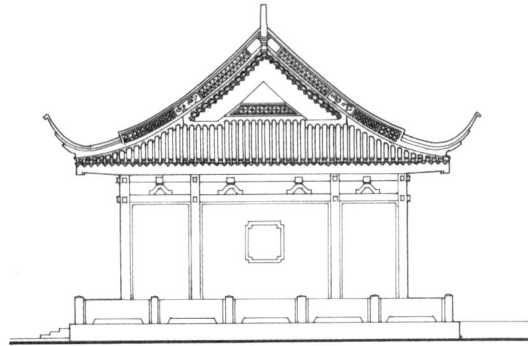

纪念堂东立面图

0 5m

116. 南京清凉山崇正书院（1980 年）

　　崇正书院为南京古石头城内清凉山下三组古建筑之一，始建于明朝嘉靖年间，为历代文化名人汇聚讲学之地。后历经沧桑，几度遭荒芜、颓废、焚毁。及至 20 世纪 70 年代末，除大殿尚存外，所剩几处破屋也颓垣断壁，岌岌可危。

　　1980 年春，为发掘、整理清凉山六朝胜迹，南京工学院建筑研究所受托，在杨廷宝指导下进行"古崇正书院"重建设计。

　　重建的崇正书院，坐北朝南，南北深 162 米，东西宽 70 米，占地 1.34 公顷，依山势由低渐高，因地制宜将三进厅堂和三个庭院在纵深方向交错布局，从而形成轴线贯通、层次丰富、景色别样，具有传统特色的庭院建筑群。

　　由清凉山脚拾级数十达书院入口广场，迎面便是立于两层台地之上的正门前厅。其后是二进中厅，为历代名人在金陵所作书画陈列。在前厅与中厅各自东、西两端有依地形起伏呈叠落式的游廊相连，且由此围合成内向聚气、宁静的封闭前庭，并与中厅之后的另一外向豁朗、流动的开放后庭形成景色与氛围对比，以获空间变幻。后庭东侧置叠石亭台、莲池小桥，一派自然风光；而后庭西侧为始建于清代乾隆、嘉庆年间，后经修缮的"江光一线阁"。从后庭再登石级便是原为"大雄宝殿"的三进大厅。重建时将其由原址上移十余米，以增加大厅前的空间尺度。

　　重建的崇正书院于 1982 年竣工。建筑面积约 1 350 平方米，建筑风格古朴典雅，厅堂布局对称严谨、庭院组景自然宜人，与清凉山整体环境交融汇合一体。

1. 市文保碑

2. 一殿外景

3. 前庭

5. 1982 年 3 月杨廷宝为南京清凉山公园崇正书院题字

4. 中庭东侧园林

6. 中庭西侧"江天一线阁"

7. 三殿外景

8. 三殿内景

剖面图

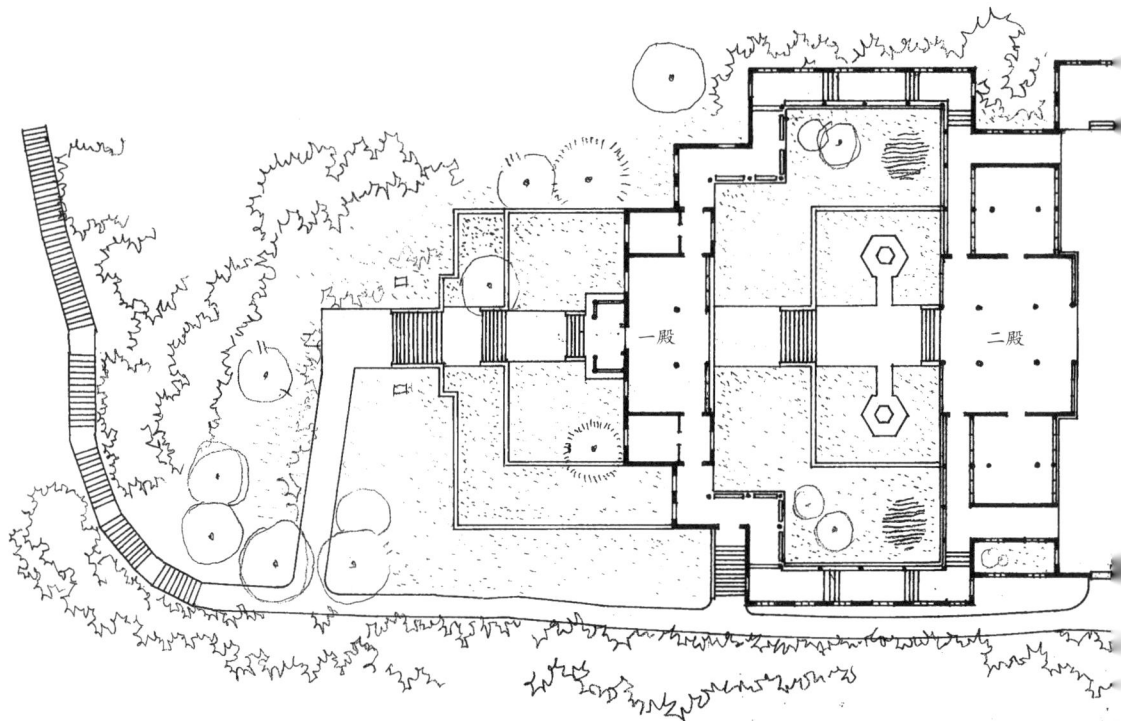

一殿

二殿

总平面图

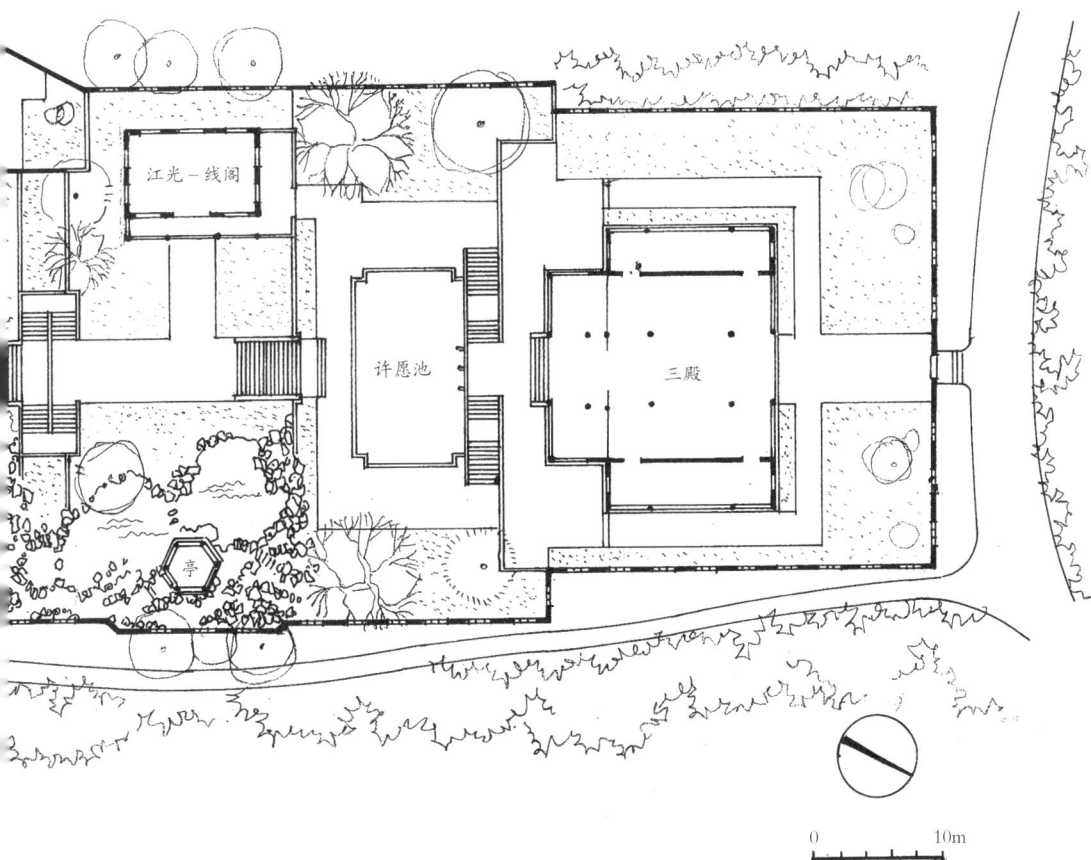

江光一线阁

许愿池

三殿

亭

0   10m

117. 南京雨花台烈士纪念碑方案（1980 年）

　　1980 年 11 月南京市雨花台烈士陵园管理处向全国近百个建筑设计、科研和教学单位发出举办"雨花台革命烈士纪念碑设计方案"邀请赛。至 1981 年 3 月 20 日止，共征集方案 578 个，杨廷宝亦送参选方案一个。1981 年 4 月 13 日至 19 日在南京进行方案评选，中国建筑学会理事长杨廷宝任主任委员。

　　1989 年由东南大学齐康教授最终设计的雨花台烈士纪念碑落成，碑高 42.3 米，碑体方型，宽 7 米，厚 5 米，正面镌刻邓小平题写"雨花台烈士纪念碑" 8 个镏金大字，碑前立有"宁死不屈"烈士铜像。

方案鸟瞰图

118. 南京雨花台烈士纪念馆（1980 年）

　　雨花台烈士纪念馆坐落在雨花台烈士陵园南端任家山上。1976 年夏，雨花台烈士陵园拟新建烈士纪念馆于纪念碑之南，邀请江苏省建筑设计院、南京市建筑设计院和南京工学院建筑系等单位进行设计。1978 年春，杨廷宝先生在此基础上草拟了一个方案由南京工学院建筑系、南京市建筑设计院协同完成初步设计。

　　纪念馆于 1984 年 4 月动工，1988 年 7 月 1 日对外开放。该馆平面呈北向断开的"口"字形，东西长 92 米，南北长 49 米，建筑面积 5 900 平方米，高 2 层，中间入口体量高度 26 米。馆内设 10 个展厅。

　　纪念馆外观在入口主体为重檐盝顶，北向两侧为单檐四角攒尖顶，皆为简化形式，白色琉璃瓦，其余为平屋面。外墙贴白色花岗石饰面，白色大理石窗框，以及汉白玉栏杆，造型简洁庄重，纪念美感强烈，加之建筑浑然一体的洁白，在绿色环境的映衬下，更显分外巍峨壮丽，是一座具有民族风格的现代建筑。

1. 立面构思草图（杨廷宝手迹）

2. 方案模型一

3. 方案模型二

5. 北立面全景

6. 主入口背面外观

7. 后翼端部外观

1. 忠魂亭
2. 烈士纪念馆
3. 湖
4. 纪念桥
5. 国歌碑
6. 哀悼像
7. 水池
8. 国际歌碑
9. 碑廊
10. 纪念石
11. 烈士纪念碑

0   50   100m

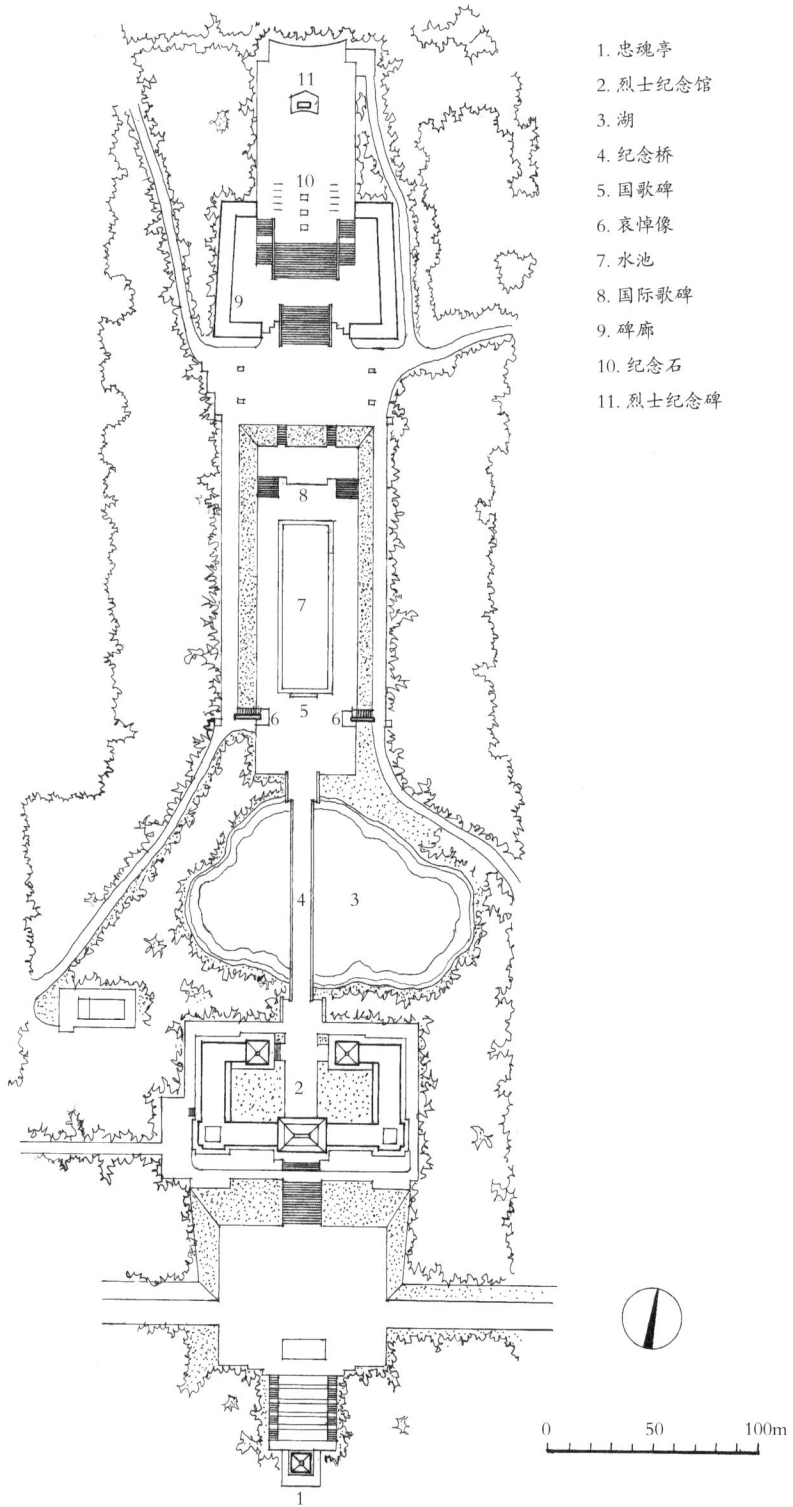

雨花台纪念馆、碑轴线建筑群总平面图

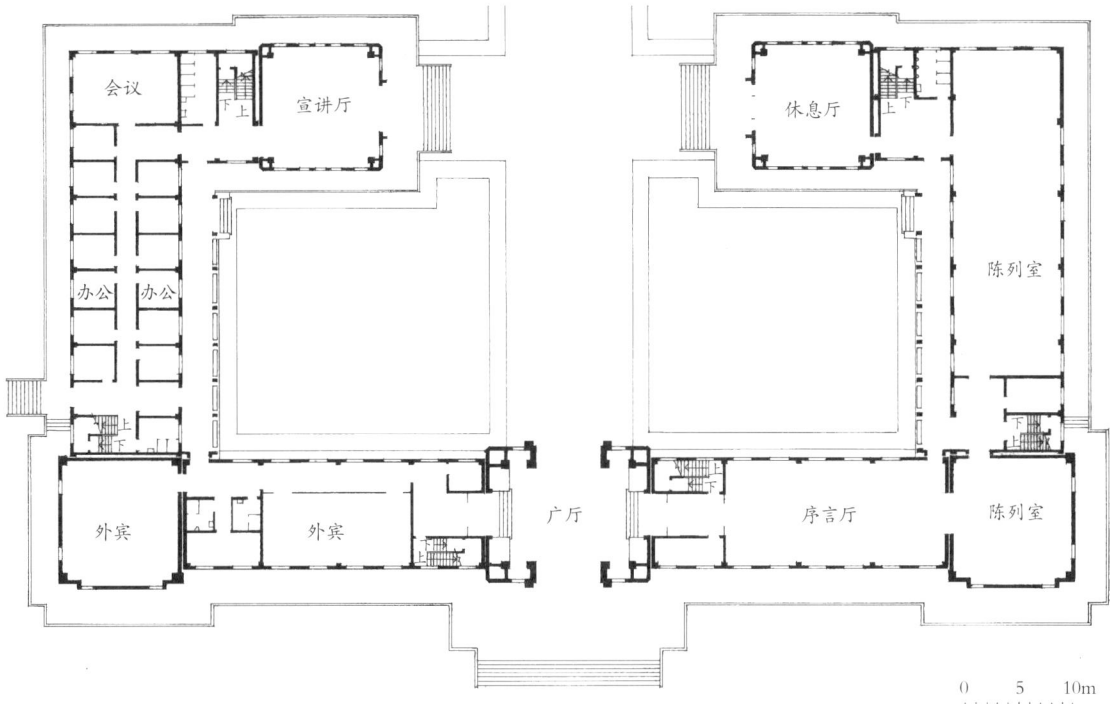

会议　宣讲厅

办公　办公

外宾　外宾　广厅　序言厅

休息厅

陈列室

陈列室

一层平面图

0　5　10m

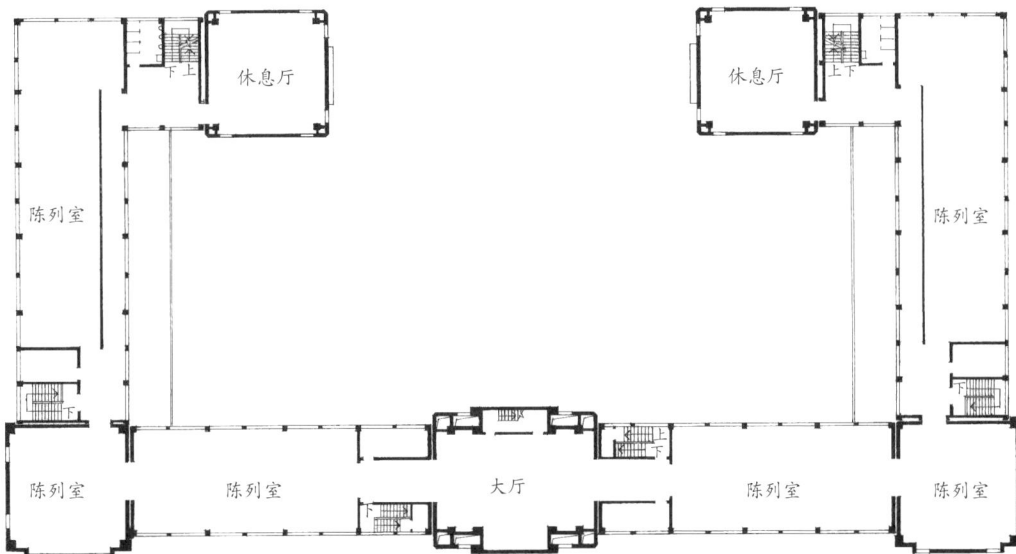

休息厅　休息厅

陈列室　陈列室

陈列室　陈列室　大厅　陈列室　陈列室

二层平面图

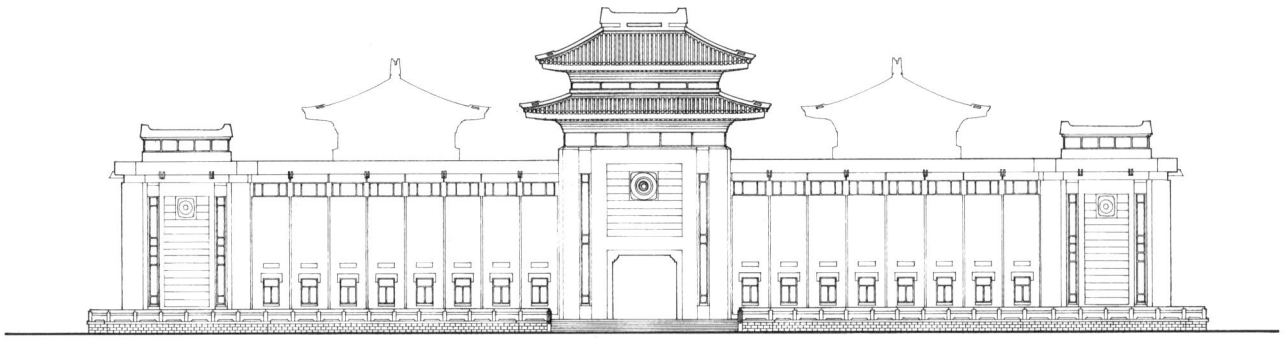

南立面图

杨廷宝全集·二——建筑卷（下）

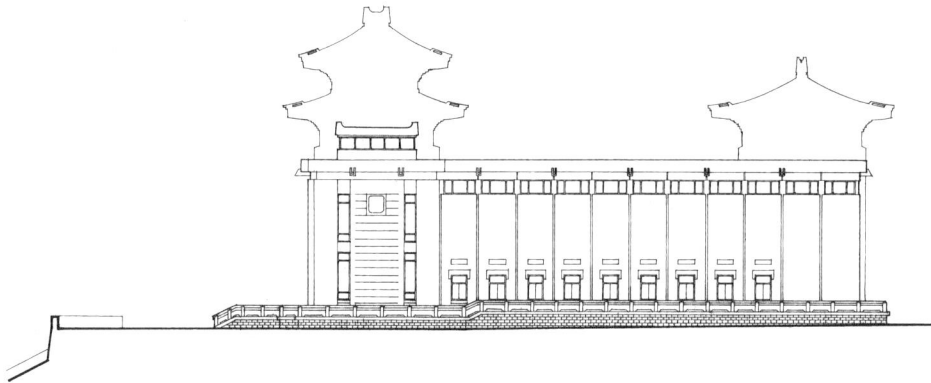

东立面图

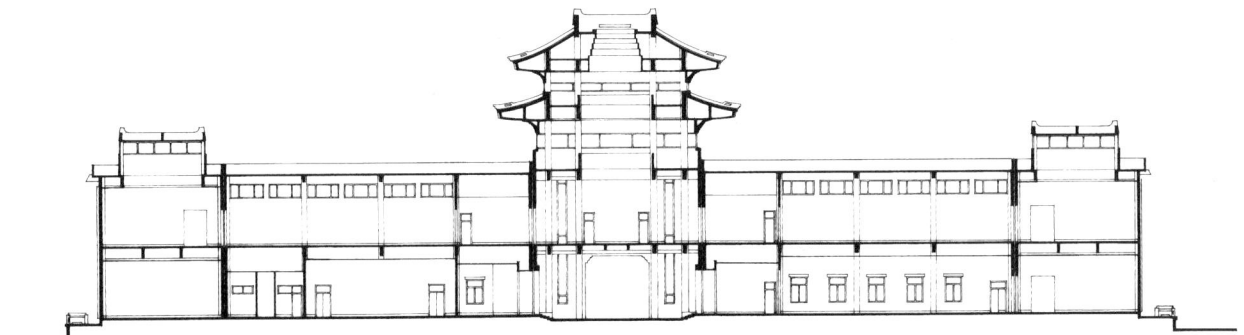

0　5　10m

剖面图

119. 福建武夷山庄（1981 年）

武夷山庄由杨廷宝方案指导，建筑研究所赖聚奎、福建省建筑设计院杨子伸等于1981 年设计，1983 年竣工并正式交付使用。建筑面积 2 500 平方米。

武夷山庄位于福建崇安县著名的武夷山风景名胜区的门户武夷宫北端，幔亭峰麓小坡地上，东临崇阳溪，南眺狮子峰，地势起伏，居高临下，视野开阔，远山近水皆成佳景。

武夷山庄建筑以独特的建筑风格与环境融为一体，以浓郁的乡土气息延续当地悠久的历史文脉。既具时代特征，又具有闽北民居乡土气息和特点，形成独特的"武夷风格"。

武夷山庄建筑主体结合地形起伏，依势自由布局。平面以门厅、休息厅、餐厅公共空间为核心，向东、向南布局曲折跌宕的两组共 32 间客房，向西延伸为后勤用房。各功能区以错落曲折廊亭相连，并围合内院，其间水池穿插、花木扶疏。

武夷山庄外形以重叠穿插多样的悬山坡顶变化、裸露山墙木构举架、垂莲柱头细部，以及红瓦粉墙栗色基座，共同烘托出地方建筑特色，并与自然环境融合协调。

武夷山庄室内的空间富于变幻，装修饰以竹、木、石等地方材料，充满乡间风味和民间情趣。家具陈设质朴别致，甚至服务员服装款式色泽极具地方特色，共同营造出乡愁氛围。

该山庄设计曾获 1985 年全国优秀建筑设计金奖。

1. 西向鸟瞰

2. 入口

3. 西翼客房楼南向外景

4. 客房楼南向外观

5. 客房东立面外景

6. 内院

7. 休息厅

8. 大餐厅

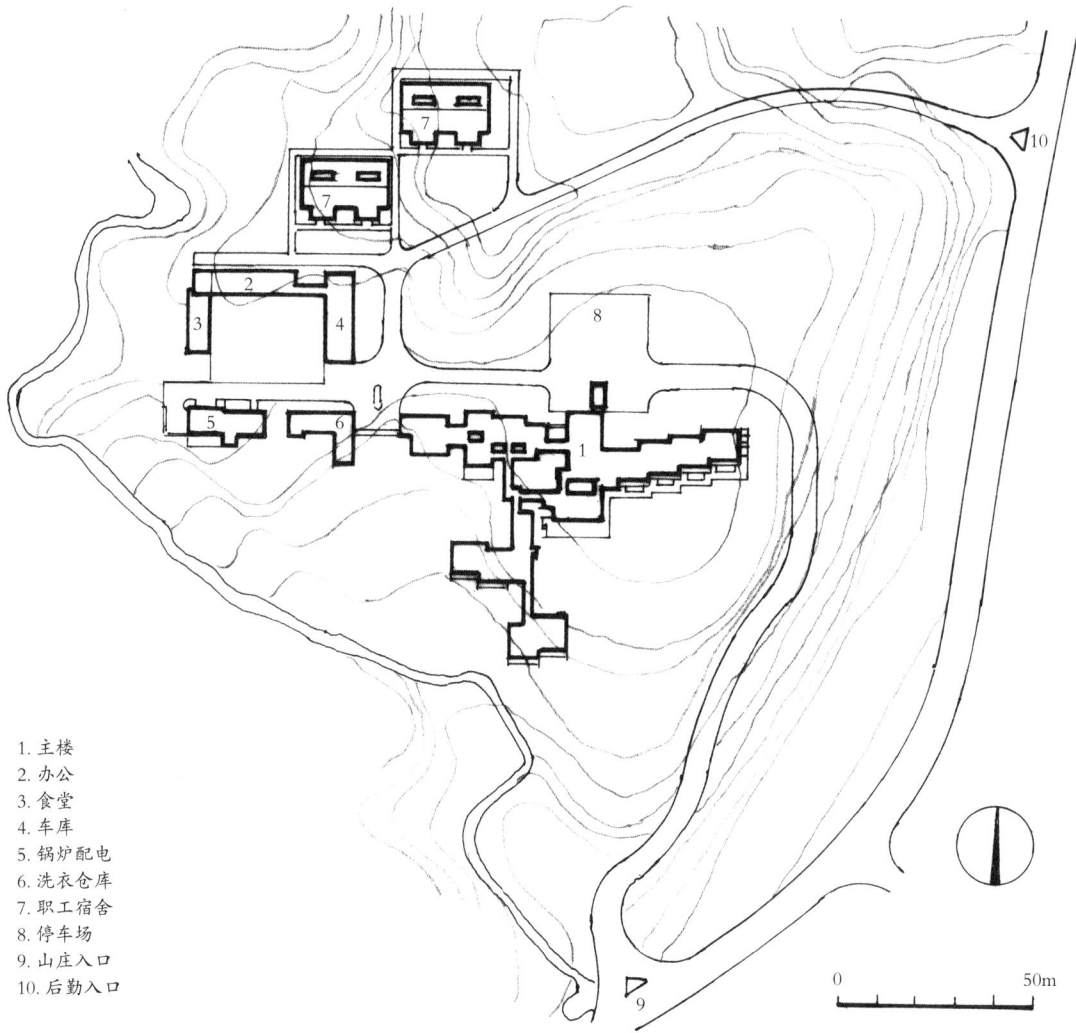

总平面图

1. 主楼
2. 办公
3. 食堂
4. 车库
5. 锅炉配电
6. 洗衣仓库
7. 职工宿舍
8. 停车场
9. 山庄入口
10. 后勤入口

0   50m

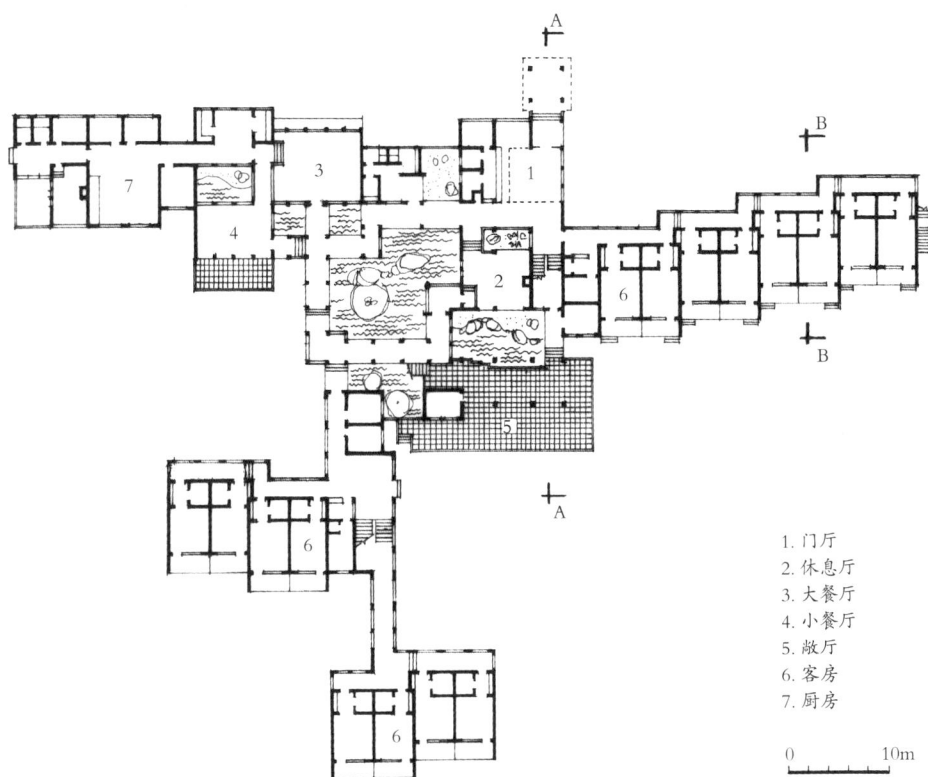

1. 门厅
2. 休息厅
3. 大餐厅
4. 小餐厅
5. 敞厅
6. 客房
7. 厨房

0　　　　10m

一层平面图

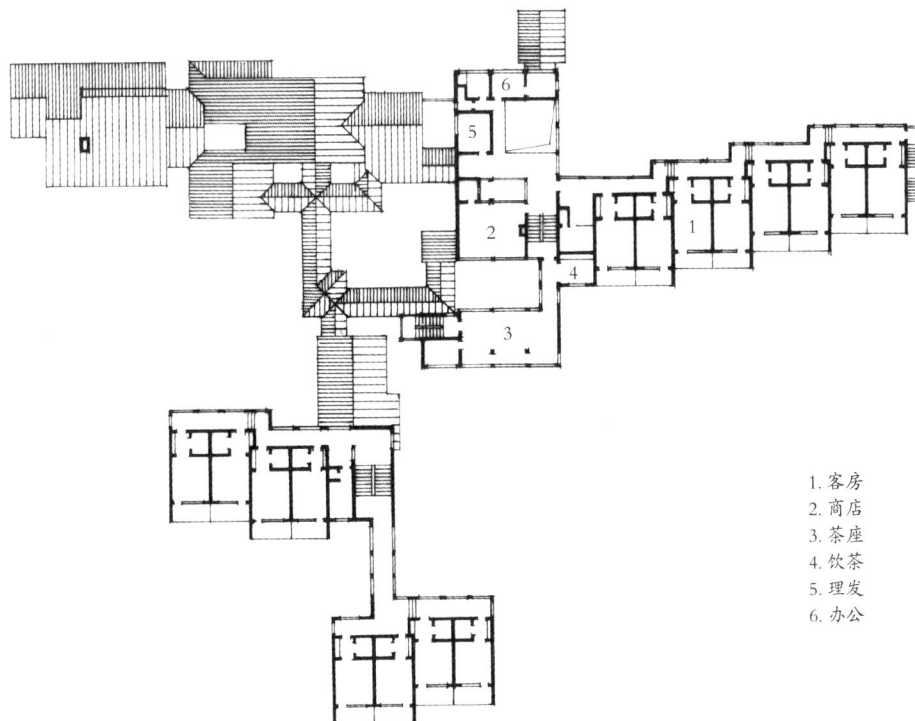

1. 客房
2. 商店
3. 茶座
4. 饮茶
5. 理发
6. 办公

二层平面图

北立面图

东立面图

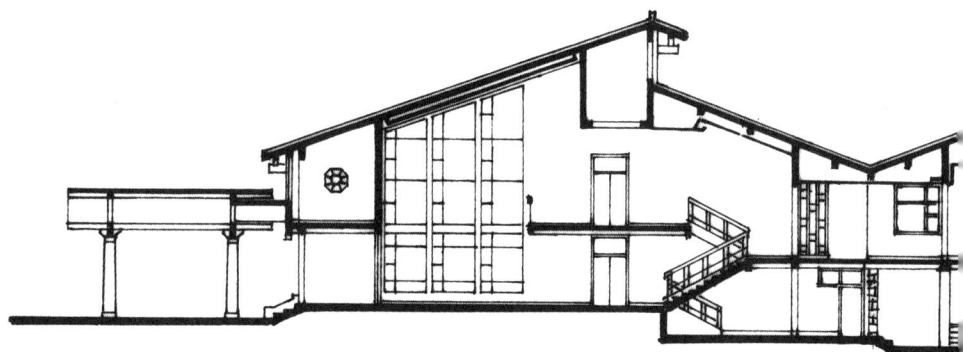

A—A 剖面图

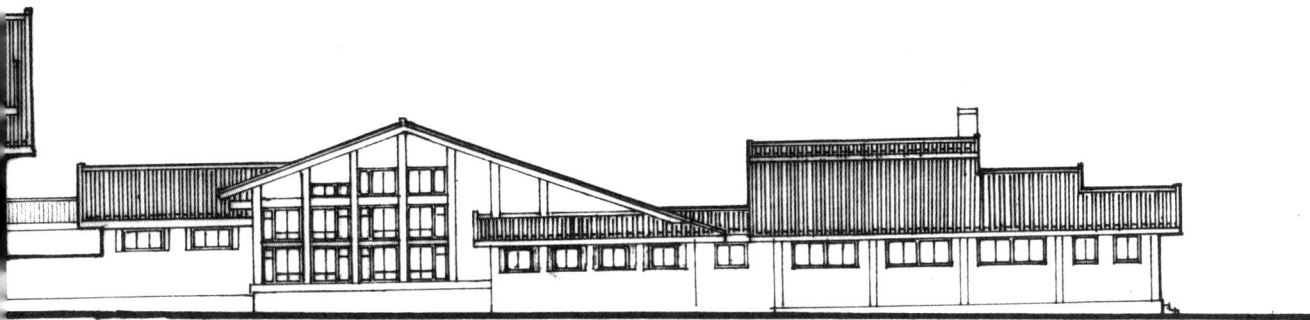

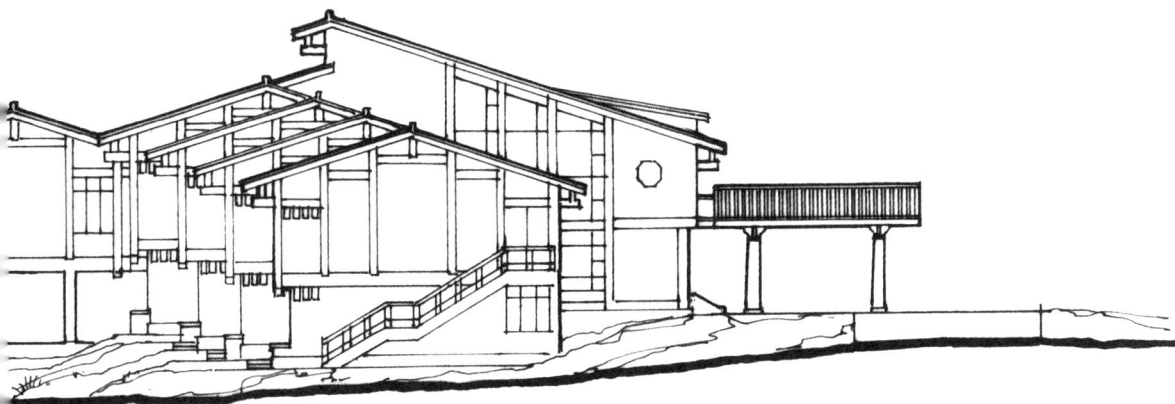

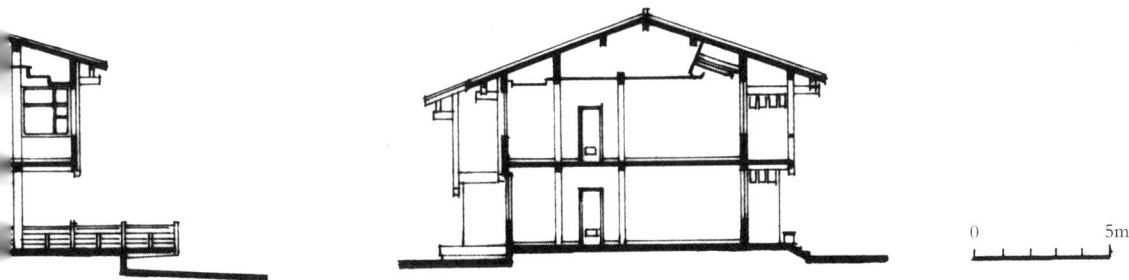

0　　　　5m

B-B 剖面图

120. 南京雨花台红领巾广场（1981 年）

　　红领巾广场位于南京雨花台烈士陵园西殉难处西侧草坪上。1980 年 2 月，南京市工农小学（今雨花台区实验小学）和雨花台小学共同向全省广大少年儿童发出"开展向革命烈士致敬"活动的倡议，倡议全省每个少先队员通过自己劳动所得向革命烈士敬献一分钱，兴建红领巾广场。这一倡议得到全省和全国 10 多个省、市少年儿童的热烈响应，共筹集 7 万元。杨廷宝应邀为全省少先队设计红领巾广场，由南京工学院建筑研究所和南京市园林研究所完成施工图设计。1981 年 6 月 1 日动工兴建，1982 年 6 月 1 日竣工。

　　红领巾广场的主体是用花岗石砌筑的少先台，台后立传统三开间牌楼式石屏风，似积木搭建。屋脊两端一改传统的"吻兽"为寓意小白兔双耳轮廓的祥云状，造型可谓童心十足。石屏风高 6.5 米，两侧是花廊，象征少先队员是祖国的花朵。北为水池，南为水杉密林，东是青年纪念林，西是红叶，环境优美、氛围恬静。

1. 透视渲染图

2. 全景

公元一九八零年江苏省少先队开展了纪念周恩冬令营活动，广大少年儿童在学习先烈革命精神的同时，一人献给一分钱（共七万元），建造了红领巾亭，坊上，以表达祖国下一代对革命先烈的崇敬之情和誓将革命进行到底的决心。

共青团江苏省委员会
一九八一年十月

3. 背面全景

4. 花架

5. 花架背后辟为儿童乐园

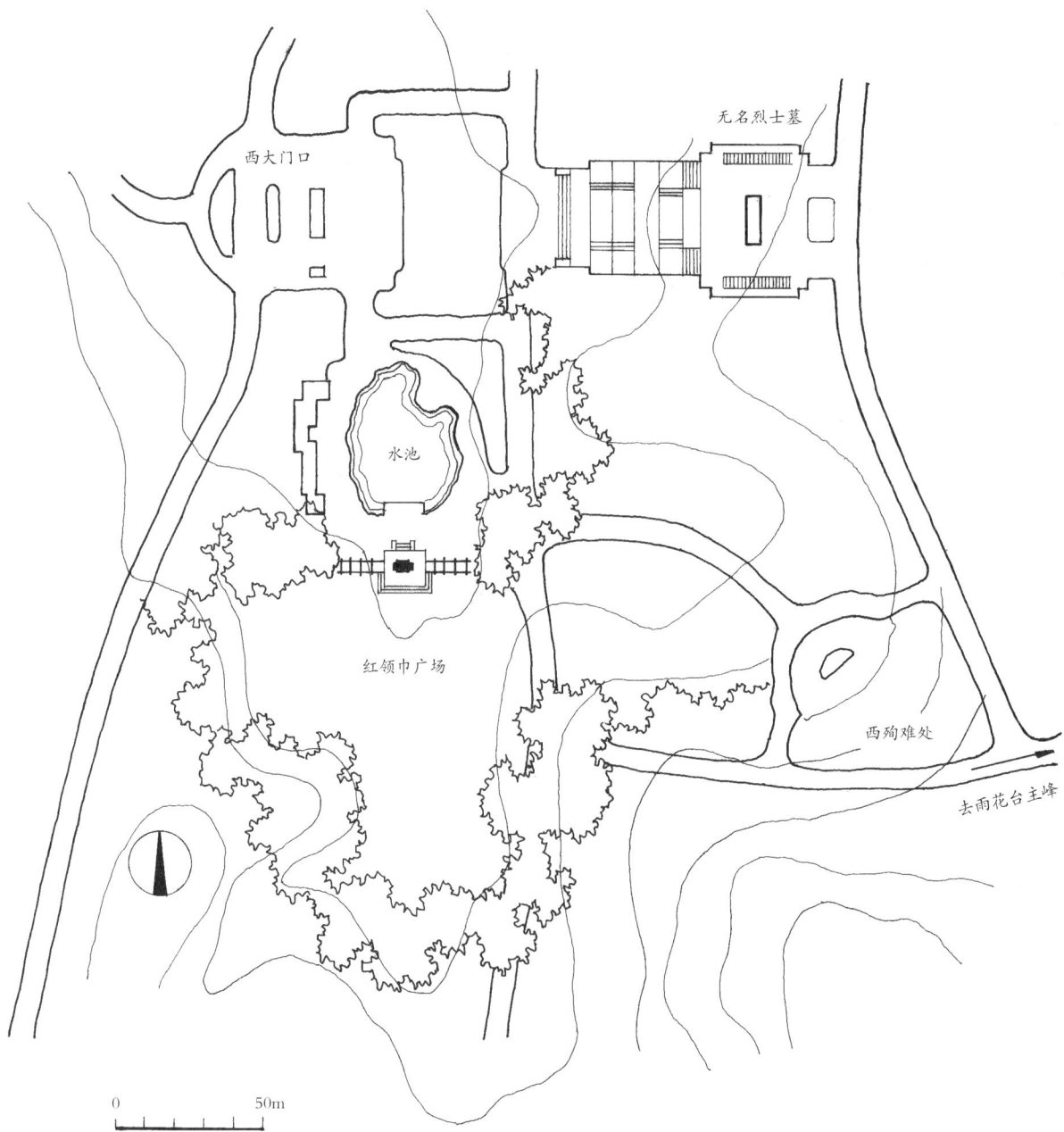

西大门口

无名烈士墓

水池

红领巾广场

西殉难处

去雨花台主峰

0　　　　　50m

总平面图

立面图

附录一：早期在美参与设计的工程

  1925年2月，杨廷宝获硕士学位，结束了在宾夕法尼亚大学艺术学院建筑系4年的学业，随即应导师P.克瑞（P.Cret）之邀，加入到P.克瑞事务所，先后参与了底特律美术学院、罗丹艺术馆展览大厅、富兰克林大桥桥头堡、亨利大桥、港务局办公楼等项目的设计工作，成为P.克瑞的得力助手。

  杨廷宝在P.克瑞事务所两年的设计实践经历，使他不仅掌握了更丰富的建筑知识，而且从实践中积累了工程设计经验，提升了设计中精益求精的执业品质。特别是养成了经常下工地向师傅虚心求教，共同研究设计付诸建造的工作习惯。所有这些，不但为他学成回国主持设计打下了扎实的设计基本功，而且使他具备了良好的职业品质。

1. 底特律美术馆

底特律艺术学院（DIA）位于密歇根州底特律文化中心历史街区，是美国最大、最重要的艺术收藏机构之一，拥有100多个画廊，占地61 100平方米。

底特律艺术学院美术馆是美国六大博物馆之一，它的馆藏包罗万象。1920年，为了容纳DIA不断扩大的收藏，决定新建一座美术馆，由P·克瑞设计。1923年6月26日奠基，1927年10月7日落成。

该美术馆为两层建筑，主层在二层。由形态不一、空间高敞、相互流通、天光柔和的若干展厅串联而成。平面是前翼长后翼短的"工"字形。其下一层为层高甚矮的管理、贮藏等辅助用房。

主入口前宽阔室外大台阶的中心基座上，矗着一座原陈列于室内展厅，后移出室外的铸件赠品——罗丹的雕塑"思想者"。它面向伍德沃德大街（Woodward Avenue）和底特律公共图书馆（Detroit Public Library）。观众拾级而上后，直达二层三开间拱形高耸大门入口，进入门厅，可通至各展厅。展厅四壁陈列着馆藏的世界各国艺术珍品。

该美术馆以白色大理石作为整个建筑的材质和色彩基调，爱奥尼门柱和拱券以及女儿墙檐口等细部均体现出意大利文艺复兴时期的建筑风格。

1. 全景

2. 入口近景

3. 陈列大厅

2. 费城罗丹艺术馆

费城罗丹艺术馆是电影巨头朱尔斯·马斯特鲍姆（Jules Mastbaum，1872—1926）赠送给费城的礼物。它是除巴黎罗丹艺术馆以外，收藏雕塑家罗丹作品最多的艺术馆。1926年，马斯特鲍姆委托建筑师 P. 克瑞（Paul Cret）和景观设计师 J. 格里伯（Jacques Creber）分别设计建筑和花园，于 1929 年 11 月 29 日建成开放。

罗丹艺术馆位于富兰克林大道与第 22 街的交叉路口处，罗丹于 1908 年直至去世曾居住在这里。

在入口大门前广场上伫立着罗丹著名作品《思想者》雕塑的复制品。入口实为一片有西方古典建筑式样的墙壁，中为柱廊入口，其左右两侧窗洞中分别立有《亚当》和《影子》青铜雕塑。走进正门可见一个精致的方形花园，两棵巨大的玉兰树遮天蔽日。花园南北以金属栅栏围护，正对入口的东面为陈列馆，花园中心有一水池，环境幽雅。

经过水池，从花园两侧沿七步台阶拾级而上可达陈列馆正中入口门廊，其左右两侧墙壁龛内分别陈列一座青铜雕塑，左为《青铜时代》，右为《夏娃》。门廊正对墙上是罗丹的组雕力作《地狱之门》。

陈列馆仅一层，中央是一个大展厅，展陈以《加莱义民》群雕为中心，四周分布着一些小型雕塑。其南北两端各有一小展室，北展室陈列着罗丹创作的习作，南展室陈列着以"爱"为主题的若干雕塑。

建筑造型小巧玲珑、比例完美、典雅精致，极具西方古典建筑风格。

1. 入口门面墙外景

2. 从入口庭院看陈列馆

3. 陈列厅内景

3. 富兰克林大桥

　　富兰克林大桥原名特拉华河大桥，是一座横跨特拉华河的悬索桥，它连接宾夕法尼亚州的费城和新泽西州的卡姆登，是费城与新泽西州南部之间的四个主要交通桥梁之一。

　　该桥于 1922 年 1 月 6 日动工，1926 年 7 月 1 日建成通车，为庆祝美国独立 150 周年纪念博览会的一部分。总工程师是出生在波兰的 R. 莫杰斯基（Ralph Modjeski），结构工程师是 L. 莫伊塞弗（Leon Moisseiff），建筑工程师是 M.B. 科斯（Montgomery B.Case），监理工程师是 P. 克瑞（Paul Cret）。

　　该桥总长 2 917.86 米，宽 39.01 米，最大跨度 553.4 米，是当时世界上最长的悬索桥。桥的两岸各有一座桥头堡，连接着引桥和正桥。桥头堡底部敦实浑厚，巍峨壮观；顶部形体挺拔，线角精美，与庞然俊秀的钢结构桥梁既对比鲜明又浑然一体。

1. 大桥全景

2. 大桥桥墩

3. 从桥上看桥头堡

4. 费城亨利大桥

亨利大桥是一座单跨钢筋混凝土和石头建成的桥，横跨宾夕法尼亚州费城费尔蒙特公园的 Wissahickon 溪，连接着亨利街和林肯大道。

该桥于 1927 年由 P·克瑞（Paul Cret）与 R·莫杰斯基（Ralph Modjeski）和 C·柴斯（Clement Chase）共同设计，1932 年 5 月完工。

该桥全长 101.5 米，主跨度 87.78 米，距地面约 52 米。桥面双向 2 车道，宽约 18 米。

该桥造型优美，一堆大拱飞架河流两岸，加上其两侧各有 5 个肩拱，使大桥轻盈剔透。桥侧壁满砌石块，其质地、色彩与所处山林野趣的环境融为一体，而桥栏下方一排间隔凸出的石块，构成富有韵律感的装饰纹样，又增添了大桥的秀气。

1. 从河上看大桥

2. 大桥近景

3. 大桥仰视

附录二：北平古建筑修缮工程

　　1935 年 1 月 11 日，在时任民国时期第四任北平市长袁良的亲自主持下，旧都文物整理委员会（简称"文整会"）正式成立，并聘请朱启钤、梁思成、刘敦桢、林徽因等古建专家为技术顾问。

　　自 1935 年 5 月至抗战爆发北平沦陷前的短短两年时间，"文整会"共实施了 20 余处重要古建筑的修缮保护工程。其中天坛祈年殿、圜丘坛、皇穹宇、北平城东南角楼、西直门箭楼、国子监辟雍、中南海紫光阁、真觉寺金刚宝座塔、玉泉山玉峰塔、香山碧云寺罗汉堂等十处古建筑委托基泰工程司承担测绘与修缮工作，而杨廷宝则以基泰工程司总建筑师的身份指导修缮工程实施的全过程。

　　在修缮古建筑的工作中，杨廷宝多方查考文献资料，亲自现场拍照、测绘、研究，不断向工匠师傅虚心请教。通过实践工作与不倦学习，他熟悉、掌握了中国传统建筑的一般规律、特征和施工做法与要求，这为他在后来五十年的建筑创作实践中，把西方建筑科学技术、设计手法与我国悠久建筑文化和民族传统特色相密切结合，从而创作出众多令人赞叹的传世杰作奠定了丰厚学识、扎实功底与超群水平的基础。

1. 天坛圜丘坛

　　圜丘坛始建于明嘉靖九年（1530 年），清乾隆十四年（1749 年）扩建，为雕砌的三层露天圆台，坛面铺石用艾叶青石，四周栏板、望柱用汉白玉。由于是祭天坛，圜丘的整个结构是对数字的巧妙运用：坛面、台阶、栏杆的石构件，都取九或九的倍数，即阳数，用以象征天。坛中心的圆形石板，叫天心石（亿兆景从石），站在上面击声即起回音，好似一呼百应。

　　圜丘坛外围是两道外方内圆的涂朱谴墙，均为蓝琉璃筒瓦通脊顶。圆形内墙四面各有棂星门。其外面东南有燔柴炉一个、瘗坎一个、燎炉五个，西南有三个灯杆。方形外墙在东、西门的左右各设一个燎炉。北门正对皇穹宇。

　　1935 年 5 月 9 日，圜丘坛修缮保护工程率先开工。修缮时，翻开地坪，剔除杂草与树根，重做了三合土基础，换去残损石块，找出排水坡度，使整个圜丘坛的 3 403 块石面平整密缝。遗憾的是，1934 年被大风吹折的望灯杆，因木料稀缺，未能修复。

1. 1935 年 5 月 9 日，圜丘坛修缮保护工程率先开工，正面者为杨廷宝

2. 圜丘坛修缮后全景

2. 天坛皇穹宇

　　皇穹宇始建于明嘉靖九年（1530年），初为重檐攒尖顶圆形建筑，名"泰神殿"。嘉靖十七年（1538年）改名为"皇穹宇"。清乾隆十七年（1752年）改建为今式。为直径15.6米单檐攒尖顶圆形建筑，高19.5米，覆盖蓝色琉璃瓦金顶。南向开户，其余三面封以磨砖对缝砌至顶。殿内开花藻井为青绿基调的金龙藻井，中心为大金团龙图案。皇穹宇四周圆形围墙高3.72米，厚0.9米，直径61.5米，周长193.2米。墙壁用磨砖对缝砌成，墙头覆盖蓝色琉璃瓦。因墙面极其光滑整齐，可连续对声波折射传递，且声音悠长，有"天人感应"之趣，故称"回音壁"。

　　此次修缮对建筑外墙皮、屋面等整体翻新。杨廷宝先生特别重视这一建筑珍品的艺术效果，对梁柱、墙面原有装饰彩绘，亲自与工匠师傅们调配色彩，把柱子沥粉贴金，墙面花边纹样按原样补齐，采用"修旧如旧"的手法，尊重历史艺术成就，使整个建筑色彩协调。皇穹宇前的三阙和圆形围墙（回音壁）琉璃、砖瓦件件精选，施工磨砖对缝，精准细致。

1. 修缮中

2. 琉璃门修缮中

3. 修缮后全景

4. 修缮后近景

3. 天坛祈年殿

祈年殿前身为"大祈殿"，始建于明永乐十八年（1420年），用工14年建成。明嘉靖二十四年（1545年）改建为三重顶圆殿，名为"大享殿"。清乾隆十六年（1751年）修缮后，改名为"祈年殿"。清光绪十五年（1889年）焚于雷火，数年后按原样重建。

祈年殿是一座直径32.72米的圆形建筑，镏金宝顶蓝琉璃瓦三重檐攒尖顶，层层收进，总高38米。殿内内围四根"龙井柱"，象征春、夏、秋、冬一年四季；中围十二根"金柱"，象征一年十二个月；外围十二根"檐柱"，象征一天十二个时辰。中围和外围相加二十四根柱，象征一年二十四个节气。内、中、外三围总共二十八根柱，象征天上二十八星宿。再加上柱顶端八根铜柱计三十六根柱，象征三十六天罡。内顶的藻井是由两层斗栱及一层天花组成，中间为金色龙凤浮雕，结构精巧，富丽华贵，使祈年殿更显瑰丽堂皇。祈年殿坐落在高6米的汉白玉三层圆台座上，即为祈谷坛，颇有拔地擎天之势，壮观恢宏，是我国木构建筑的珍贵遗产之一。

此次修缮，从地面到宝顶搭起脚手架，先将屋面全部卸下，修整三层外檐。宝顶用铜皮焊成，磨光镏金，套在雷公柱外。修理时工人钻入宝顶，两人在内操作，把歪斜的雷公柱修正，使宝顶端正地落在由大块琉璃砖拼成的须弥座上。屋面琉璃瓦在檐口为一个个花纹精细的瓦当和滴水。而瓦垄到高处顶部，则4、5个瓦垄合烧成一块琉璃板，比较粗大。由于人的视觉远近效果不同，建筑各部的材料与施工方法也就随之而变。屋顶防水，据传统在灰背上铺锡板、缝隙中粉嵌灰贝，然后层层盖上底瓦、筒瓦。殿名匾额，修缮中报经当时的市政府同意，只用汉文"祈年殿"三字，略去满文。殿内木料，晚清时已由南洋进口，柱子改用木柱心，外周用小木拼绑，用铁环箍紧，柱表面披麻筑灰，最后油漆沥粉贴金。台阶、汉白玉栏杆、望柱，有破损者进行局部修补或替换。此外，祈年门、东西配殿（木料均系楠木）和宰牲亭等建筑也修缮如初。

1. 修缮中

2. 祈年殿天花内景

3. 祈年殿修缮后全景

4. 北平城东南角楼

东南角楼始建于明正统元年（1436年），是明清两代京城内外城墙8座角楼中遗存下来唯一一座规模最大的城垣转角楼。它坐落在突出城墙外缘的方形城角台座上，台高12米，底边长39.45米，上边长15米，楼高17米，通高近30米。楼沿城墙外缘转角建起，平面呈曲尺形，计4层，建筑面积701.3平方米。每层砖垣外墙各辟有箭窗36孔，共144孔。楼内立金柱20根，支撑梁架、铺设楼板、设射孔。屋顶为重檐歇山顶，两条大脊于转角处相交成"十"字形，灰筒瓦绿剪边，绿琉璃列脊饰兽头。

此角楼历代均有修缮，以保存至今。此次修缮前，东南角楼已是瓦顶破漏，檐部塌落，稍完整者仅四壁砖墙。修缮工作由恒茂木厂承包，木匠头马进考师傅负责，该厂曾于清末参与颐和园佛香阁修缮工作。角楼体量高大，当时又无吊车起重，屋架大梁均用杠杆方法将大料一级级往上提升，直至顶部就位。转角小歇山屋顶，造型微妙，构造也较复杂，宝顶火焰设三个朝向，结合角楼特点，均按原状恢复。角楼檐口用料、装修、彩画等均较粗犷，但视觉效果良好，整体性强。角楼内部原无楼板，只在沿墙靠箭眼位置铺设走道板，以便士兵防御，修缮时也予以换旧补新。

1. 修缮中

2. 1935 年修缮后的外景一

3. 1935 年修缮后的外景二

5. 西直门箭楼

西直门是北京内城的九大古城门之一，主要包括西直门城楼、西直门箭楼和瓮城。

西直门始建于元朝至元四年（1267年），称和义门。明永乐十七年（1421年）修缮后改名西直门。明正统元年（1436年）英宗当政，修京师9门城楼，正统四年完工。修建时利用和义门洞新建箭楼，并将原瓮城压在其下，其箭楼模样至清未变。

西直门箭楼，面阔七间，通宽32米，内侧庑座面阔五间，连同抱厦通进深27.8米，楼连台通高30米，俯视呈"凸"字形。屋顶形制为灰筒瓦绿琉璃瓦剪边重檐歇山顶。对外的三面墙体上下共设四排箭窗，正东面每排12孔，两侧面每排各4孔，总计80孔。

此次修缮时，檐部塌落，屋顶通天，大部分构件残缺不全，只能参照其他城门楼做修理复原。完工后的西直门箭楼，仍不失气势威武、外观雄伟。

1969年，为在西直门修建立交桥和地铁而先后将屹立五百余年的箭楼和城楼以及连同包裹在箭楼城台里边历经七百年的元大都和义门瓮城残址一并彻底拆除、毁灭，实令人扼腕。

1. 1920 年代的西直门南面全貌及护城河

2. 1921 年西直门箭楼西北面景观

3. 1945 年西直门箭楼

6. 国子监辟雍

国子监辟雍是我国现存唯一的天子学堂，始建于乾隆四十八年春（1783 年），翌年冬竣工。大殿平面正方形，每边面阔 22.2 米，四周环以回廊，红色檐柱。重檐四角攒尖屋顶上覆黄色琉璃瓦，正面檐下高挂乾隆皇帝御笔"辟雍"九龙斗匾。辟雍坐落在圆形水池中央石基上，水池东南西北各建一座石桥分别通达辟雍四个方向的门，构成了周代"辟雍泮水"之旧制。

此次修缮时，西北角大梁年久开裂，修理采用"偷梁换柱"办法，用木料将屋角垫起，抽出旧梁换以新梁，然后油漆彩画，与其余角梁相同。

1. 修缮中现场

2. 辟雍正面景观

3. 辟雍西北角外景

7. 中南海紫光阁

　　紫光阁位于中海西岸，始建于明正德年间。初为明武宗朱厚照骑射之地，名曰平台。明末崇祯废台建阁，建造了初期的紫光阁。到清王朝时期，紫光阁逐渐变成选拔军事人才的地方，供皇帝在此挑选御前卫士。清乾隆二十五年（1760 年）决定重新修葺紫光阁，以彰显自己的"十全武功"。清同治、光绪时，紫光阁一度作为皇帝接见外国使节的场所，但国势日微，已不足道了。到了民国时期，紫光阁已残破不堪，在1938 年6 月还曾遭雷击毁坏屋顶一角。

　　紫光阁面阔 7 间，阁高 2 层，单檐庑殿顶，黄剪边绿琉璃瓦屋面。阁前有面阔五间的卷棚歇山顶抱厦，坐落在四百余平方米的宽敞平台上。阁后建武成殿，并以抄手廊与紫光阁相连，形成了一个典雅、肃穆的封闭院落。

　　紫光阁历为政府所用，保存完整，故未作大修。中华人民共和国成立后国务院领导同志常于此阁接见外宾。

1. 紫光阁旧照

2. 紫光阁南向外景

8. 真觉寺金刚宝座塔

　　金刚宝座塔建于明成化九年（1473 年），寺庙于 20 世纪初被毁而塔尚存至今。该塔是中国现存最早的金刚宝座塔，其原型是印度人为纪念佛祖释迦牟尼成佛而建的五塔佛陀伽耶大塔。此塔虽仿自印度，但在风格上已融入了中国传统艺术特点。

　　该塔分宝座台和五塔两部分。宝座台南北长 18.6 米，东西宽 15.73 米，高 7.7 米，内部砌砖、外部砌石，下部为须弥座，上部台身分为五层，每层皆雕出柱、栱、檩和短檐。柱间为佛龛，四周共有佛像 381 尊。石刻剔底凸花，精细生动。但由于年久风化和破裂故做一些修补和局部换新。

　　宝塔台内由石梯通台顶，顶上有方形密檐式小石塔五座。正面中间有一传统形式的圆尖顶罩亭，塔座出现裂痕。尤其上部罩亭损坏较多，因此进行落顶修理，并重做琉璃瓦屋顶。

1. 金刚宝座塔全景

2. 基座石刻花饰

9. 玉泉山玉峰塔

　　玉峰塔建于清乾隆年间，是一座八角形的楼阁式砖塔，塔高 47.7 米，共 7 层。塔身每层八面均设门窗，壁体很厚。每层之间有砖仿木的斗栱，承托砖雕的塔檐，塔顶置葫芦宝珠形铜刹。塔内有盘旋楼梯，层层上达，楼梯宽大平缓，为古塔中少见。每层均设佛龛，但已残失。各洞龛均有乾隆年间所制石刻对联，大部尚存至今。

　　此次修缮时，塔身西南角第一层墙面、斗栱、檐部均有裂痕、破残，修缮时挖去破损、酥粉的砖块，选用质优临清砖，按原样磨砖对缝一一填补修复。

1. 砖塔外景

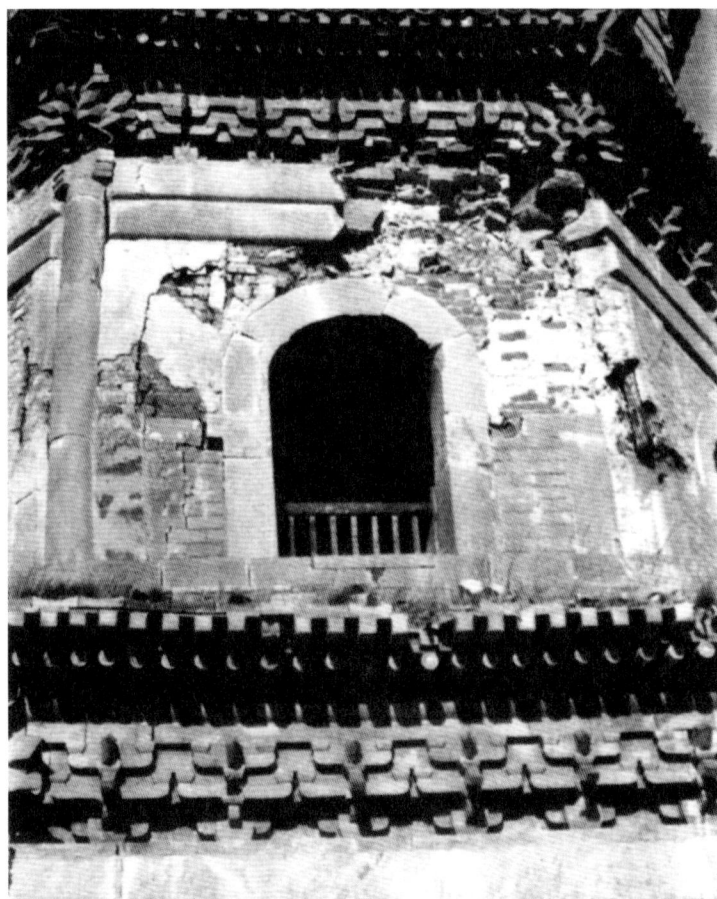

2. 塔身损坏实况

10. 碧云寺罗汉堂

　　碧云寺始建于元至顺二年（1331年），清乾隆十三年（1748年）进行大规模修整和扩建，兴建了罗汉堂、金刚宝座塔、行宫等。

　　罗汉堂位于寺内中山纪念堂右侧，系仿杭州净慈寺罗汉堂而建，平面呈"田"字形，每面九间，中间有四个小天井采光。堂的外貌似重檐盝顶，堂中心建有重檐歇山十字脊的多角亭阁，中央矗立有小型喇嘛塔，堂正面出轩，其余三面各出抱厦一间。殿内有木雕贴金罗汉像 500 尊，加上佛、菩萨以及蹲于梁上的济公和尚等共计 508 尊雕像。属木质雕刻，外覆金箔，出自于杭州工匠之手。

　　因罗汉堂破损严重，此次修缮时，首先将整个屋面瓦顶落下，换修大木架，内部用芦苇把罗汉保护起来，重做瓦顶、琉璃脊兽，以及中部歇山顶十字脊和宝顶"小白塔"。

1. 入口正面景观

2. 修缮前内部枋架天花残破现状

3. 修缮后的内景

4. 内部彩画修缮后景像

附录三：杨廷宝建筑设计作品总览

■ 全国文物保护单位　　　● 省文物保护单位　　　▲ 市文物保护单位

项　目　名　称	1. 沈阳京奉铁路辽宁总站	■
设　计 / 建　成	1927.6/1930.3	
建　筑　面　积	8 485 m²	
建　造　地　点	沈阳市和平区总站路 100 号	
担　当　职　能	设计主持	
备　　　　　注	荷兰治港公司承建	

项　目　名　称	2. 天津中原公司	
设　计 / 建　成	1926/1927.12	
建　筑　面　积	9 164 m²	
建　造　地　点	天津市和平路与多伦道交口	
担　当　职　能	设计修改、施工监造	
备　　　　　注	鑫泰营造厂、复兴建筑工程司承建	

项　目　名　称	3. 天津基泰大楼	▲
设　计 / 建　成	1927/1928	
建　筑　面　积	4 606 m²	
建　造　地　点	天津市和平区滨江道 109–123 号	
担　当　职　能	设计主持	
备　　　　　注		

项　目　名　称	4. 天津中原里	
设　计 / 建　成	1928/1928	
建　筑　面　积	6 753 m²	
建　造　地　点	不详	
担　当　职　能	设计主持	
备　　　　　注		

项　目　名　称	5. 天津中国银行货栈	
设　计 / 建　成	1928/1928	
建　筑　面　积	17 000 m²	
建　造　地　点	天津市张自忠路与大同道交口	
担　当　职　能	设计主持	
备　　　　　注		

项　目　名　称	6. 沈阳同泽女子中学教学楼	●
设　计 / 建　成	1928.11/1930	
建　筑　面　积	4 178 m²	
建　造　地　点	沈阳市沈河区承德街 3 号	
担　当　职　能	设计主持	
备　　　　　注		

项 目 名 称	7. 东北大学汉卿体育场	
设 计 / 建 成	1928/1929.10	
建 筑 面 积	48 亩	
建 造 地 点	东北大学校园内	
担 当 职 能	设计主持	
备 注	天津基泰工程司承建	

项 目 名 称	8. 东北大学校园规划	
设 计 / 建 成	1929/1930	
建 筑 面 积	500 余亩	
建 造 地 点	沈阳市皇姑区北陵大街四段一号	
担 当 职 能	设计主持	
备 注	大部分单体建筑建成	

项 目 名 称	9. 东北大学法学院教学楼	
设 计 / 建 成	1928.8/1929.9	
建 筑 面 积	4 864 m²	
建 造 地 点	东北大学校园内	
担 当 职 能	设计主持	

项 目 名 称	10. 东北大学文学院教学楼	
设 计 / 建 成	1928.8/1929.9	
建 筑 面 积	4 922 m²	
建 造 地 点	东北大学校园内	
担 当 职 能	设计主持	

项 目 名 称	11. 东北大学图书馆	
设 计 / 建 成	1929.10/1931	
建 筑 面 积	6 400 m²	
建 造 地 点	东北大学校园内	
担 当 职 能	设计主持	
备 注	复新公司承建	

项 目 名 称	12. 东北大学化学馆	
设 计 / 建 成	1930/	
建 筑 面 积	不详	
建 造 地 点	东北大学校园内	
担 当 职 能	设计主持	
备 注	遭火灾焚毁，未予复原	

项 目 名 称	13. 东北大学体育馆	
设 计 / 建 成	1930.3/ 未建	
建 筑 面 积	不详	
建 造 地 点	东北大学校园内	
担 当 职 能	设计主持	
备 注	未建	

项 目 名 称	14. 东北大学学生宿舍
设 计 / 建 成	1929/1930
建 筑 面 积	3 153 m² / 每幢
建 造 地 点	东北大学校园内
担 当 职 能	设计主持
备 注	

项 目 名 称	15. 沈阳少帅府
设 计 / 建 成	1930/1933
建 筑 面 积	13 250 m²（共 6 幢楼）
建 造 地 点	沈阳市沈河区朝阳街少帅府巷 46 号
担 当 职 能	设计主持
备 注	美国马立思建筑公司承建

项 目 名 称	16. 国立清华大学生物馆
设 计 / 建 成	1929.8/1930. 夏
建 筑 面 积	4 221 m²
建 造 地 点	清华大学校园内
担 当 职 能	设计主持
备 注	复新公司承建

项 目 名 称	17. 国立清华大学学生宿舍（明斋）
设 计 / 建 成	1929.8/1930
建 筑 面 积	4 417 m²
建 造 地 点	清华大学校园内
担 当 职 能	设计主持
备 注	

项 目 名 称	18. 国立清华大学气象台
设 计 / 建 成	1930.10/1931.5
建 筑 面 积	300 m²
建 造 地 点	清华大学校园内
担 当 职 能	设计主持
备 注	

项 目 名 称	19. 国立清华大学图书馆扩建工程
设 计 / 建 成	1930.3/1931.11
建 筑 面 积	5 586 m²
建 造 地 点	清华大学校园内
担 当 职 能	设计主持
备 注	协顺木厂承建

项 目 名 称	20. 国立清华大学校园规划
设 计 / 建 成	1930.2/
建 筑 面 积	960 亩
建 造 地 点	北京市海淀区双清路 30 号
担 当 职 能	设计主持
备 注	

项 目 名 称	21. 北平交通银行
设 计 / 建 成	1930/1932.6
建 筑 面 积	7 265 m²
建 造 地 点	北京市宣武区前门外西河沿 9 号
担 当 职 能	设计主持
备 注	

项 目 名 称	22. 南京中山陵园邵家坡新村合作社
设 计 / 建 成	1930/
建 筑 面 积	450 m²
建 造 地 点	南京市玄武区中山陵园内
担 当 职 能	设计主持
备 注	

项 目 名 称	23. 中央体育场总体规划
设 计 / 建 成	1930.9/1931.8
占 地 面 积	1 200 亩
建 造 地 点	南京市玄武区灵谷寺路 8 号
担 当 职 能	设计主持
备 注	利源建筑公司承建

项 目 名 称	24. 中央体育场田径赛场
设 计 / 建 成	1931/1933
占 地 面 积	77 亩
建 造 地 点	南京体育学院校园内
担 当 职 能	设计主持
备 注	利源建筑公司承建

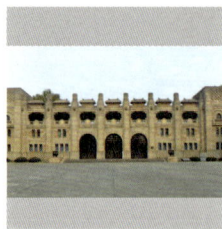

项 目 名 称	25. 中央体育场游泳池
设 计 / 建 成	1931/1933
占 地 面 积	7.8 亩
建 造 地 点	南京体育学院校园内
担 当 职 能	设计主持
备 注	利源建筑公司承建

项 目 名 称	26. 中央体育场篮球场
设 计 / 建 成	1931/1933
占 地 面 积	7.2 亩
建 造 地 点	南京体育学院校园内
担 当 职 能	设计主持
备 注	利源建筑公司承建

项 目 名 称	27. 中央体育场国术场
设 计 / 建 成	1931/1933
占 地 面 积	11.1 亩
建 造 地 点	南京体育学院校园内
担 当 职 能	设计主持
备 注	利源建筑公司承建

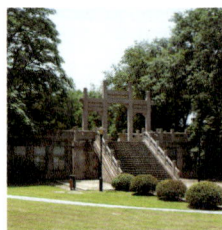

项 目 名 称	28. 中央体育场棒球场
设 计 / 建 成	1931/1933
占 地 面 积	8.1 亩
建 造 地 点	南京体育学院校园内
担 当 职 能	设计主持
备 注	利源建筑公司承建

项 目 名 称	29. 中央体育场网球场
设 计 / 建 成	1931/1933
占 地 面 积	23 亩
建 造 地 点	南京体育学院校园内
担 当 职 能	设计主持
备 注	利源建筑公司承建

项 目 名 称	30. 中央医院
设 计 / 建 成	1931/1933.6
建 筑 面 积	7 000 m²
建 造 地 点	南京市玄武区中山东路 305 号
担 当 职 能	设计主持
备 注	建华营造厂承建

项 目 名 称	31. 国立紫金山天文台本部
设 计 / 建 成	1931/1934.9
建 筑 面 积	504 m²
建 造 地 点	南京市紫金山第三峰
担 当 职 能	设计主持
备 注	业主采用点工制自行承建

项 目 名 称	32. 南京外交宾馆
设 计 / 建 成	1930.4/
建 筑 面 积	甲型 1 250 m²，乙型 1 408 m²
建 造 地 点	
担 当 职 能	方案主持
备 注	未实施

项 目 名 称	33. 国民政府外交部办公大楼
设 计 / 建 成	1931/
建 筑 面 积	4 000 m²
建 造 地 点	南京市中山北路 32 号
担 当 职 能	方案主持
备 注	未被采用

项 目 名 称	34. 南京谭延闿墓
设 计 / 建 成	1931/1933.1
建 筑 面 积	300 余亩
建 造 地 点	南京中山陵园灵谷寺东侧
担 当 职 能	设计主持
备 注	申泰兴记及蔡春记营造厂承建

项 目 名 称	35. 中央研究院地质研究所	
设 计 / 建 成	1932.2/1933.6	
建 筑 面 积	1 000 m²	
建 造 地 点	南京市玄武区北京东路 39 号	
担 当 职 能	设计主持	
备 注	朱森记营造厂承建	

项 目 名 称	36. 南京中山陵园音乐台	
设 计 / 建 成	1932/1933.8	
建 筑 面 积	4 200 m²	
建 造 地 点	南京市玄武区钟山风景区	
担 当 职 能	设计主持	
备 注	利源营造厂承建	

项 目 名 称	37. 国立中央大学校门	
设 计 / 建 成	1933/1933	
建 筑 面 积		
建 造 地 点	南京市玄武区四牌楼 2 号	
担 当 职 能	设计主持	
备 注		

项 目 名 称	38. 中央研究院历史语言研究所	
设 计 / 建 成	1933.7/1934.10	
建 筑 面 积	1 700 m²	
建 造 地 点	南京市玄武区北京东路 39 号	
担 当 职 能	设计主持	
备 注	史华公司承建	

项 目 名 称	39. 国立中央大学图书馆扩建工程	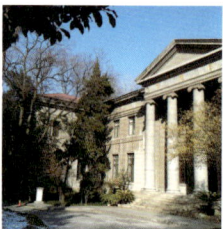
设 计 / 建 成	1933/1933	
建 筑 面 积	1 305 m²	
建 造 地 点	南京东南大学校园内	
担 当 职 能	设计主持	
备 注	张裕泰营造厂承建	

项 目 名 称	40. 南京管理中英庚款董事会办公楼	
设 计 / 建 成	1934/1934	
建 筑 面 积	740 m²	
建 造 地 点	南京市鼓楼区山西路 124 号	
担 当 职 能	设计主持	
备 注		

项 目 名 称	41. 河南新乡河朔图书馆	
设 计 / 建 成	1934/1935.8	
建 筑 面 积	1 740 m²	
建 造 地 点	河南省新乡市卫河公园内	
担 当 职 能	设计主持	
备 注	天津祥记工厂承建	

项 目 名 称	42. 重庆美丰银行	■
设 计 / 建 成	1934/1935.8	
建 筑 面 积	4 866 m²	
建 造 地 点	重庆市渝中区新华路 74 号	
担 当 职 能	设计主持	
备 注	馥记营造厂承建	

项 目 名 称	43. 上海大新公司	▲
设 计 / 建 成	1934/1935.12	
建 筑 面 积	28 000 m²	
建 造 地 点	上海市黄浦区南京东路 830 号	
担 当 职 能	设计参与	
备 注	馥记营造厂承建	

项 目 名 称	44. 国立西北农林专科学校教学楼	●
设 计 / 建 成	1934.5/1936.8	
建 筑 面 积	7 251 m²	
建 造 地 点	陕西省武功县（今杨凌）	
担 当 职 能	设计主持	
备 注	上海建业营造厂有限公司承建	

项 目 名 称	45. 南京大华大戏院	●
设 计 / 建 成	1934.12/1936.5	
建 筑 面 积	3 728 m²	
建 造 地 点	南京市秦淮区中山南路 67 号	
担 当 职 能	设计主持	
备 注	上海建华建筑工程公司承建	

项 目 名 称	46. 国民党中央党史史料陈列馆	■
设 计 / 建 成	1934/1936.7	
建 筑 面 积	1 570 m²	
建 造 地 点	南京市玄武区中山东路 309 号	
担 当 职 能	设计主持	
备 注	馥记营造厂承建	

项 目 名 称	47. 国民党中央监察委员会办公楼	■
设 计 / 建 成	1935/1937.2	
建 筑 面 积	1 570 m²	
建 造 地 点	南京市玄武区中山东路 313 号	
担 当 职 能	设计主持	
备 注	馥记营造厂承建	

项 目 名 称	48. 国立中央博物院设计竞赛方案	
设 计 / 建 成	1935.4/	
建 筑 面 积	12.9 公顷	
建 造 地 点	南京中山门内半山园	
担 当 职 能	方案主持	
备 注	获三等奖	

项 目 名 称	49. 北平先农坛体育场
设 计 / 建 成	1935/1937
建 筑 面 积	16 800 m²
建 造 地 点	宣武区先农坛路 11 号
担 当 职 能	设计主持
备 注	公和祥建筑厂承建

项 目 名 称	50. 国立中央大学新校址规划设计竞赛方案
设 计 / 建 成	1936.3/
建 筑 面 积	3 000 亩
建 造 地 点	南京中华门外石子岗唐家凹
担 当 职 能	方案主持
备 注	方案中选。因南京沦陷，国民政府西迁而未建

项 目 名 称	51. 南京金陵大学图书馆
设 计 / 建 成	1936/1937
建 筑 面 积	2 626 m²
建 造 地 点	南京市鼓楼区汉口路 22 号南京大学校园内
担 当 职 能	设计主持
备 注	陈明记营造厂承建

项 目 名 称	52. 国立中央大学医学院附属牙科医院
设 计 / 建 成	1936/1937
建 筑 面 积	3 566 m²
建 造 地 点	南京东南大学校园内
担 当 职 能	设计主持
备 注	三合兴营造厂承建

项 目 名 称	53. 南京李士伟医生公馆
设 计 / 建 成	1936/1936
建 筑 面 积	298 m²
建 造 地 点	南京市鼓楼区武夷路 4 号
担 当 职 能	设计主持
备 注	

项 目 名 称	54. 中央研究院总办事处
设 计 / 建 成	1936.4/1936.12
建 筑 面 积	3 000 m²
建 造 地 点	南京市玄武区北京东路 39 号
担 当 职 能	设计主持
备 注	新金记康号营造厂承建

项 目 名 称	55. 南京祁家桥俱乐部
设 计 / 建 成	1937.4/ 不详
建 筑 面 积	673 m²
建 造 地 点	南京市鼓楼区祁家桥 8 号
担 当 职 能	设计主持
备 注	

项 目 名 称	56. 国立四川大学校园规划
设 计 / 建 成	1936.8/
规 划 面 积	38 公顷
建 造 地 点	成都市武侯区一环路南一段 24 号蜀王府旧址
担 当 职 能	方案主持
备 注	因受城内用地限制，未能实现

项 目 名 称	57. 首都电厂办公大楼
设 计 / 建 成	1937. 初 /
建 筑 面 积	不详
建 造 地 点	南京市下关电厂厂区内
担 当 职 能	设计主持
备 注	因南京沦陷，国民政府西迁而未建成

项 目 名 称	58. 重庆陪都国民政府办公楼改造
设 计 / 建 成	1937.11.18/1937.11.25
建 筑 面 积	2 080 m²
建 造 地 点	重庆市渝中区人民路 232 号
担 当 职 能	设计主持
备 注	馥记营造厂承建

项 目 名 称	59. 国立四川大学图书馆
设 计 / 建 成	1937/1938
建 筑 面 积	3 800 m²
建 造 地 点	成都市四川大学望江校区内
担 当 职 能	设计主持
备 注	成都华西兴业公司承建

项 目 名 称	60. 国立四川大学理化楼
设 计 / 建 成	1937/1938
建 筑 面 积	3 700 m²
建 造 地 点	成都市四川大学望江校区内
担 当 职 能	设计主持
备 注	成都华西兴业公司承建

项 目 名 称	61. 国立四川大学学生宿舍
设 计 / 建 成	1937/1938
建 筑 面 积	4 020 m²
建 造 地 点	成都市四川大学望江校区内
担 当 职 能	设计主持
备 注	成都华西兴业公司承建

项 目 名 称	62. 南京寄梅堂
设 计 / 建 成	1937/
建 筑 面 积	650 m²
建 造 地 点	南京市白下区莫愁路与秣陵路口
担 当 职 能	设计主持
备 注	因南京沦陷未实施

项 目 名 称	63. 成都励志社大楼
设 计 / 建 成	1937/1937
建 筑 面 积	2 170 m²
建 造 地 点	成都市商业街 19 号
担 当 职 能	设计主持
备 注	余鸿记营造厂承建

项 目 名 称	64. 成都刘湘墓园
设 计 / 建 成	1938/1940. 初
占 地 面 积	129 亩
建 造 地 点	成都市南郊公园内
担 当 职 能	设计指导
备 注	华西兴业股份有限公司承建

▲

项 目 名 称	65. 重庆嘉陵新村国际联欢社
设 计 / 建 成	1939/1939
建 筑 面 积	1 700 m²
建 造 地 点	重庆市渝中区嘉陵新村
担 当 职 能	设计主持
备 注	馥记营造厂承建

▲

项 目 名 称	66. 重庆嘉陵新村圆庐
设 计 / 建 成	1939/1939
建 筑 面 积	419 m²
建 造 地 点	重庆市渝中区嘉陵新村 193 号
担 当 职 能	设计主持
备 注	馥记营造厂承建

▲

项 目 名 称	67. 重庆农民银行
设 计 / 建 成	1941/
建 筑 面 积	1 450 m²
建 造 地 点	重庆市渝中区民族路 217 号
担 当 职 能	设计主持
备 注	馥记营造厂承建

▲

项 目 名 称	68. 重庆中国滑翔总会跳伞塔
设 计 / 建 成	1941/1942.3
占 地 面 积	约 20 亩
建 造 地 点	重庆市渝中区大田湾体育场内
担 当 职 能	设计主持
备 注	馥记营造厂承建

▲

项 目 名 称	69. 重庆林森墓园
设 计 / 建 成	1943/1944.7
建 筑 面 积	976 m²（墓圹）
建 造 地 点	重庆市沙坪坝区歌乐山林园
担 当 职 能	设计主持
备 注	未能全部实现，仅建墓圹。"文革"中被毁，1979 年重建

■

项 目 名 称	70. 重庆青年会电影院
设 计 / 建 成	1944/
建 筑 面 积	640 m²
建 造 地 点	重庆市青年会内
担 当 职 能	设计主持
备 注	

项 目 名 称	71. 南京公教新村
设 计 / 建 成	1946/1946
建 筑 面 积	37 000 m²
建 造 地 点	南京市玄武区北京东路 51 号等五处
担 当 职 能	设计主持
备 注	

项 目 名 称	72. 南京儿童福利站
设 计 / 建 成	1946/1946.9
建 筑 面 积	1 900 m²
建 造 地 点	南京市玄武区太平路太平公园附近
担 当 职 能	设计主持
备 注	

项 目 名 称	73. 南京楼子巷职工宿舍
设 计 / 建 成	1946/1946
建 筑 面 积	650 m²
建 造 地 点	南京市鼓楼区楼子巷
担 当 职 能	设计主持
备 注	

项 目 名 称	74. 国民政府盐务总局办公楼
设 计 / 建 成	1946/1946
建 筑 面 积	4 312 m²
建 造 地 点	南京市玄武区后宰门南京海军指挥学院内
担 当 职 能	设计主持
备 注	

项 目 名 称	75. 南京基泰工程司办公楼扩建工程
设 计 / 建 成	1946/1946
建 筑 面 积	500 m²
建 造 地 点	南京市建邺区中山南路 126 号
担 当 职 能	设计主持
备 注	

项 目 名 称	76. 南京翁文灏公馆 ▲
设 计 / 建 成	1946/1948
建 筑 面 积	435 m²
建 造 地 点	南京市鼓楼区五台山顶百步坡 1 号
担 当 职 能	设计主持
备 注	

项 目 名 称	77. 南京成贤小筑	●
设 计 / 建 成	1946.10/1946.12	
建 筑 面 积	164 m²	
建 造 地 点	南京市玄武区成贤街 104 号	
担 当 职 能	设计主持	
备 注		

项 目 名 称	78. 南京国际联欢社扩建工程	●
设 计 / 建 成	1946/1947.8	
建 筑 面 积	1 100 m²	
建 造 地 点	南京市鼓楼区中山北路 259 号	
担 当 职 能	设计主持	
备 注	华业营造厂承建	

项 目 名 称	79. 南京北极阁宋子文公馆	●
设 计 / 建 成	1946/1946	
建 筑 面 积	720 m²	
建 造 地 点	南京市玄武区北极阁 1 号	
担 当 职 能	设计主持	
备 注	馥记营造厂承建	

项 目 名 称	80. 南京空军新生社	
设 计 / 建 成	1947/1947	
建 筑 面 积	3 000 m²	
建 造 地 点	南京市玄武区小营	
担 当 职 能	设计主持	
备 注		

项 目 名 称	81. 南京招商局办公楼	▲
设 计 / 建 成	1947/1947	
建 筑 面 积	3 667 m²	
建 造 地 点	南京市下关区江边路 24 号	
担 当 职 能	设计主持	
备 注		

项 目 名 称	82. 国民政府资源委员会办公楼	▲
设 计 / 建 成	1947/1947	
建 筑 面 积	2 600 m²	
建 造 地 点	南京市鼓楼区中山北路 200 号	
担 当 职 能	设计主持	
备 注		

项 目 名 称	83. 南京下关火车站扩建工程	
设 计 / 建 成	1947/1947	
建 筑 面 积	10 100 m²	
建 造 地 点	南京下关区龙江路 8 号	
担 当 职 能	设计主持	
备 注	徐顺兴营造厂承建	

项 目 名 称	84. 中央研究院化学研究所
设 计 / 建 成	1947/1948
建 筑 面 积	2 700 m²
建 造 地 点	南京市玄武区北京东路 77 号
担 当 职 能	设计主持
备 注	

项 目 名 称	85. 南京正气亭
设 计 / 建 成	1947.3/1947.11
建 筑 面 积	42 m²
建 造 地 点	南京市玄武区中山陵园明孝陵东北
担 当 职 能	设计主持
备 注	馥记营造厂承建

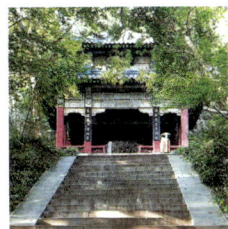

项 目 名 称	86. 南京延晖馆
设 计 / 建 成	1948/1948
建 筑 面 积	1 000 m²
建 造 地 点	南京市玄武区中山陵园 8 号
担 当 职 能	设计主持
备 注	馥记营造厂承建

项 目 名 称	87. 中央研究院九华山职工住宅
设 计 / 建 成	1948/1948
建 筑 面 积	2 739 m²
建 造 地 点	南京市玄武区北京东路 77 号
担 当 职 能	设计主持
备 注	

项 目 名 称	88. 南京结核病医院
设 计 / 建 成	1948/1948
建 筑 面 积	3 000 m²
建 造 地 点	南京市鼓楼区广州路 300 号
担 当 职 能	设计主持
备 注	

项 目 名 称	89. 中央通讯社总社办公大楼
设 计 / 建 成	1948/1950
建 筑 面 积	7 526 m²
建 造 地 点	南京市玄武区中山东路 75 号
担 当 职 能	设计主持
备 注	

项 目 名 称	90. 北京人民英雄纪念碑
设 计 / 建 成	1950/1958.4
建 筑 面 积	3 000 m²
建 造 地 点	北京市天安门广场
担 当 职 能	参与方案初期讨论
备 注	

项 目 名 称	91.北京和平宾馆
设 计 / 建 成	1951.8/1952.9
建 筑 面 积	7 900 m²
建 造 地 点	北京市东城区金鱼胡同 3 号
担 当 职 能	方案主持，设计指导
备 注	兴业投资公司承建

项 目 名 称	92.北京中华工商业联合会办公楼
设 计 / 建 成	1951/1952
建 筑 面 积	4 000 m²
建 造 地 点	北京市东城区北河沿大街 93 号
担 当 职 能	方案主持，设计指导
备 注	兴业投资公司承建

项 目 名 称	93.南京中华门长干桥改建
设 计 / 建 成	1951/1951.6
建 筑 面 积	
建 造 地 点	南京市中华门外跨外秦淮河
担 当 职 能	设计主持
备 注	

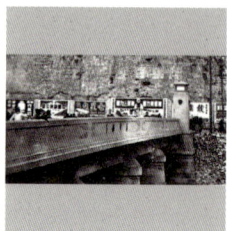

项 目 名 称	94.北京王府井百货大楼
设 计 / 建 成	1953/1955.9
建 筑 面 积	21 508 m²
建 造 地 点	北京市东城区王府井大街 255 号
担 当 职 能	方案主持，设计指导
备 注	兴业投资公司承建

项 目 名 称	95.南京华东航空学院教学楼
设 计 / 建 成	1953/
建 筑 面 积	3 767 m²
建 造 地 点	南京市玄武区卫岗 1 号
担 当 职 能	方案主持，设计指导
备 注	

项 目 名 称	96.南京大学东南楼、西南楼
设 计 / 建 成	1953/1954
建 筑 面 积	7 000 m²+7 000 m²
建 造 地 点	南京市鼓楼区汉口路 22 号南京大学校园内
担 当 职 能	方案主持，设计指导
备 注	

项 目 名 称	97.南京工学院校园中心区规划设想
设 计 / 建 成	1954/
建 筑 面 积	
建 造 地 点	南京市玄武区四牌楼 2 号东南大学校园内
担 当 职 能	规划主持
备 注	

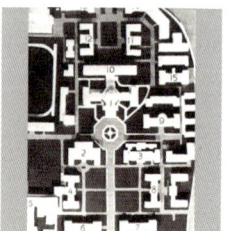

项　目　名　称	98. 南京工学院五四楼
设　计 / 建　成	1953/1954
建　筑　面　积	4 367 m²
建　造　地　点	南京市玄武区四牌楼 2 号东南大学校园内
担　当　职　能	方案主持，设计指导
备　　　　注	

项　目　名　称	99. 南京工学院五五楼
设　计 / 建　成	1954/1955
建　筑　面　积	8 620 m²
建　造　地　点	南京市玄武区四牌楼 2 号东南大学校园内
担　当　职　能	方案主持，设计指导
备　　　　注	

项　目　名　称	100. 南京林学院校园规划
设　计 / 建　成	1956 /
规　划　面　积	1 257 亩
建　造　地　点	南京市玄武区龙蟠路 159 号
担　当　职　能	方案主持
备　　　　注	

项　目　名　称	101. 南京工学院兰园教授住宅
设　计 / 建　成	1956/1956–1958
建　筑　面　积	2 幢甲型共 2 907.48 m²，6 幢乙型共 7 746.12 m²
建　造　地　点	校东文昌桥职工生活区内
担　当　职　能	方案主持，设计指导
备　　　　注	

项　目　名　称	102. 南京工学院动力楼
设　计 / 建　成	1956/1957
建　筑　面　积	10 000 m²
建　造　地　点	南京市玄武区四牌楼 2 号东南大学校园内
担　当　职　能	方案主持，设计指导
备　　　　注	

项　目　名　称	103. 南京工学院中大院扩建工程
设　计 / 建　成	1957/1957
建　筑　面　积	1 746 m²
建　造　地　点	南京市玄武区四牌楼 2 号东南大学校园内
担　当　职　能	方案主持，设计指导
备　　　　注	

项　目　名　称	104. 南京工学院大礼堂扩建工程
设　计 / 建　成	1957/1957
建　筑　面　积	2 544 m²
建　造　地　点	南京市玄武区四牌楼 2 号东南大学校园内
担　当　职　能	方案主持，设计指导
备　　　　注	

项 目 名 称	105.南京工学院沙塘园学生宿舍	
设 计 / 建 成	1957/1958	
建 筑 面 积	4 740 m²	
建 造 地 点	东南大学南大门外沙塘园学生生活区内	
担 当 职 能	方案主持，设计指导	
备 注		

项 目 名 称	106.南京工学院沙塘园学生食堂	
设 计 / 建 成	1957/1958	
建 筑 面 积	2 923 m²	
建 造 地 点	东南大学南大门外沙塘园学生生活区内	
担 当 职 能	方案主持，设计指导	
备 注		

项 目 名 称	107.江苏省省委一号楼	
设 计 / 建 成	1957/1958	
建 筑 面 积	4 936 m²	
建 造 地 点	南京市鼓楼区北京西路 68 号	
担 当 职 能	方案主持，设计指导	
备 注		

项 目 名 称	108.北京人民大会堂	
设 计 / 建 成	1958/1959	
建 筑 面 积	171 800 m²	
建 造 地 点	北京市天安门广场西侧	
担 当 职 能	参与方案初期讨论	
备 注		

项 目 名 称	109.北京站	
设 计 / 建 成	1958/1959	
建 筑 面 积	46 700 m²	
建 造 地 点	北京市东城区毛家湾胡同甲 13 号	
担 当 职 能	方案主持，设计指导	
备 注		

项 目 名 称	110.徐州淮海战役烈士纪念塔	
设 计 / 建 成	1959.7/1965.10	
占 地 面 积	4 870 m²（平台）	
建 造 地 点	徐州市凤凰山淮海战役烈士纪念塔园林内	
担 当 职 能	方案主持，设计指导	
备 注		

项 目 名 称	111.南京民航候机楼	
设 计 / 建 成	1972.5/1973.9.29	
建 筑 面 积	4 280 m²	
建 造 地 点	南京市秦淮区光华门外大校场机场内	
担 当 职 能	方案主持，设计指导	
备 注		

项 目 名 称	112. 北京图书馆新馆
设 计 / 建 成	1975/1987
建 筑 面 积	142 000 m²
建 造 地 点	北京市海淀区白石桥 39 号
担 当 职 能	参与方案初期讨论
备 注	

项 目 名 称	113. 毛主席纪念堂
设 计 / 建 成	1976/1977
建 筑 面 积	28 000 m²
建 造 地 点	北京市天安门广场南侧
担 当 职 能	参与方案初期讨论
备 注	

项 目 名 称	114. 上海南翔古漪园逸野堂
设 计 / 建 成	1979/
建 筑 面 积	130 m²
建 造 地 点	上海市嘉定区南翔镇沪宜公路 218 号
担 当 职 能	方案主持，设计指导
备 注	

项 目 名 称	115. 江苏泰兴杨根思烈士陵园
设 计 / 建 成	1979.10/1980.12
建 筑 面 积	4 100 m²（占地面积 28.8 亩）
建 造 地 点	江苏省泰兴市宣泰路 49 号
担 当 职 能	方案主持 设计指导
备 注	

项 目 名 称	116. 南京清凉山崇正书院
设 计 / 建 成	1980 春 /1982 秋
建 筑 面 积	1 350 m²
建 造 地 点	南京市鼓楼区清凉山路 83 号，清凉山公园内
担 当 职 能	设计指导
备 注	

项 目 名 称	117. 南京雨花台烈士纪念碑方案
设 计 / 建 成	1980.11/
建 筑 面 积	
建 造 地 点	南京市雨花区雨花路 215 号雨花台烈士陵园内
担 当 职 能	参与方案设计竞赛
备 注	

项 目 名 称	118. 南京雨花台烈士纪念馆
设 计 / 建 成	1980/1988
建 筑 面 积	5 900 m²
建 造 地 点	南京市雨花区雨花路 215 号雨花台烈士陵园内
担 当 职 能	方案指导
备 注	

项　目　名　称	119. 福建武夷山庄
设　计／建　成	1981/1983
建　筑　面　积	2 500 m²
建　造　地　点	福建崇安县武夷山风景名胜区门户武夷宫北端
担　当　职　能	方案指导
备　　　　　注	

项　目　名　称	120. 南京雨花台红领巾广场
设　计／建　成	1981.6/1982.6
占　地　面　积	15.2 亩
建　造　地　点	南京市雨花区雨花路 215 号雨花台烈士陵园内
担　当　职　能	方案指导
备　　　　　注	

附录四：杨廷宝北平古建筑修缮工程一览

项 目 名 称　1. 天坛圜丘坛
建 造 年 代　明嘉靖九年（1530 年）
工 程 地 址　北京市东城区永定门内大街东侧天坛公园内
修 缮 时 间　1935.5-1936.10
备　　　注　清乾隆十四年（1749 年）扩建

项 目 名 称　2. 天坛皇穹宇
建 造 年 代　明嘉靖九年（1530 年）
工 程 地 址　北京市东城区永定门内大街东侧天坛公园内
修 缮 时 间　1935.5-1936.10
备　　　注　清乾隆十七年（1752 年）扩建

项 目 名 称　3. 天坛祈年殿
建 造 年 代　明永乐十八年（1420 年）
工 程 地 址　北京市东城区永定门内大街东侧天坛公园内
修 缮 时 间　1935.5-1936.10
备　　　注　清光绪十五年（1889 年）焚于雷火，数年后按原样重建

项 目 名 称　4. 北平城东南角楼
建 造 年 代　明正统元年（1436 年）
工 程 地 址　北京市东城区北京站东南
修 缮 时 间　1935.5-1936.10
备　　　注　历代均有修缮

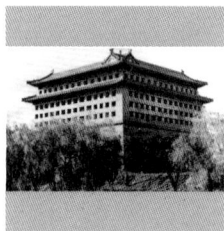

项 目 名 称　5. 西直门箭楼
建 造 年 代　明正统元年（1436 年）
工 程 地 址　北京市西城区西直门立交桥中心范围
修 缮 时 间　1935.5-1936.10
备　　　注　1969 年，为建立交桥和修建地铁而拆除

项 目 名 称　6. 国子监辟雍
建 造 年 代　清乾隆四十八年（1783 年）
工 程 地 址　北京市东城区国子监街
修 缮 时 间　1935.5-1936.10
备　　　注

项目名称	7. 中南海紫光阁
建造年代	明末崇祯建阁，乾隆二十五年（1760年）重新修葺
工程地址	北京市西城区故宫西侧
修缮时间	1935.5–1936.10
备注	历为政府所用

项目名称	8. 真觉寺金刚宝座塔
建造年代	明成化九年（1473年）
工程地址	北京市海淀区西直门外白石桥东北
修缮时间	1935.5–1936.10
备注	寺庙于20世纪初被毁，塔尚存至今

项目名称	9. 玉泉山玉峰塔
建造年代	清乾隆年间
工程地址	北京市西北的玉泉山主峰上香积寺内
修缮时间	1935.5–1936.10
备注	

项目名称	10. 碧云寺罗汉堂
建造年代	元至顺二年（1331年）建寺，清乾隆十三年（1748年）建塔
工程地址	北京市海淀区香山公园北侧
修缮时间	1935.5–1936.10
备注	

附录五：学者对杨廷宝建筑设计作品的评价

童寯（南京工学院教授）

杨廷宝不特有独到的设计才能，业务上廉洁公正，一丝不苟，为人更是品德高尚、文质彬彬的君子。

（摘自：一代哲人今已矣，更于何处觅知音——怀念杨廷宝．刘先觉主编．

杨廷宝先生诞辰一百周年纪念文集[M]．北京：中国建筑工业出版社，2001:001．）

吴良镛（清华大学教授，两院院士）

杨老在国外学习的青年时代，对西方古典建筑设计学打下了深厚的基础和扎实的基本功。回国初期，开始建筑实践，并致力于中国古建筑的整理与修缮，与当时从事古建筑研究者如朱桂莘、梁思成、刘敦桢等先生交游，对中国古建筑，特别是施工构造和造型作了深刻独到的研究。这样中西合璧，豁然贯通，为他后来的设计创作、民族风格的探索奠定了更广泛的基础。这一点，杨老的许多建筑设计作品本身是最好的说明。

现举北京和平宾馆的设计为例。尽管在这一时期建筑界一般热衷于华而不实的设计思潮，杨先生却能独立思考，而不趋势从流。和平宾馆的设计在用地苛刻的条件下，无论在利用单行线的交通组织、保留老树与水井的庭园设计方面，还是建筑空间的实用紧凑方面（特别是门厅的精心设计），都作了极为妥善独到的处理。此外，还对典型环境作了北京特有的点缀，例如在水井上安装了从古建筑废弃下来的汉白玉栏杆，以取得雕刻的效果；保留了前排民房，使之形成一个封闭幽静的庭院；民居前还加了一间抱厦，作为大楼入口和休息厅南壁的对应。杨先生还告诉我，旅馆的大门口本来设计了一个北方的单间牌楼，可惜领导不喜欢，认为像个"断头台"而被砍掉，当时混凝土基座已打好，不得不加上两个灯成了现在的门墩。我想，如果按原样建造，无论从街景入口或从庭院对景来说，有较高的牌楼和抱厦互为呼应，轮廓线更要丰富些。和平宾馆的设计将实用功能放在第一位，更多地采用近代建筑设计技巧，造价也甚节省，结构系统简单，而建筑艺术处理，室内外空间丰富，造型简洁无华（在完成时竟曾被认为是"结构主义"），在此前提下于细致处见匠心，恰到好处地保持传统文化的一些特色，这是难能可贵的。在"四人帮"横行时代，面对当时建筑界的某些对民族建筑文化的近乎虚无主义的倾向，杨先生已不默默地伏案作图，他不仅用实际设计说明一切，而是挺身而出，坚定明确地提出要有民族风格的主张。

例如在北京图书馆方案设计第一次评议会上，杨先生侃侃而谈，盛赞唐长安大明宫含元殿的气魄和建筑立体构图的完整性等，并以他的设计方案来说明自己的设计观点。杨先生在理论方面的特点是言简意赅，不作惊人之笔，更不卖弄玄虚，看似平凡，而说中要害。回想他多次对某些规划设计提意见，力求实际可行。至于好高骛远、空洞无物之语，杨先生每称之为"摇笔杆"，内心是颇不以为然的。

（摘自：一代宗师——怀念杨廷宝老师．刘先觉主编．
杨廷宝先生诞辰一百周年纪念文集 [M]．北京：中国建筑工业出版社，2001:003.）

杨老早年留学美国学习西方古典建筑，回国后修缮古建筑，向匠人们、营造学社的朋友们学习中国古建筑，他打下了中西古典建筑的基础。他是先实践，后又从事建筑教育，同时从事建筑设计。中与西、理论与实践、古与今都在他身上体现，建筑界很少人有这样的经历。杨老在建筑设计上的成就，拟比"文如其人""淳朴其功""炉火纯青"，他的基本功深厚。他认识到，时代、人、建筑、环境的相互关系的重要性。杨老治学勤奋，老而不衰。

（摘自：代序．齐康记述．杨廷宝谈建筑 [M]．中国建筑工业出版社，1991:7.）

戴念慈（城乡建设环境保护部副部长，中国建筑学会代理事长，院士）

他的作品，不论采取什么形式，都和他的为人一样，不尚虚饰，不故作惊人的姿态，实事求是，体现着一种周密的逻辑性；而且从大的布局到每个细部，在比例上、尺度上都仔细推敲，一丝不苟，经得起时间的考验。

他们这一代是我们的先驱，开拓者，是中国建筑师这个职业的创始人，而我以为杨老是这一代人中间的杰出人物，是尤其值得敬佩的。

（摘自：深切悼念杨廷宝同志 [J]．建筑学报，1983，2:3.）

齐康（东南大学教授，院士）、郭湖生（东南大学教授）

20 世纪 20 年代，中国近代建筑的发展达到了一个新的起点，逐步成长了第一代中国建筑师，他们出色地设计了一批公共建筑和民用建筑，开创了我国近代建筑设计事业和建筑活动，从而打破了外国人对这一领域的垄断。他们是中国当代建筑师的开路人……杨廷宝就是这批建筑师中出类拔萃的一位，成绩卓著，驰誉当世。50 多年来，他的建筑创作逾百件，遍及东北、华北、华东、华南、西北、西南。他的全部作品，反映了探索中国古典建筑和民间建筑艺术同现代建筑科学相结合的艰苦历程。

他对中国古典建筑做法深为熟谙，特别对明清式建筑悉心研究，从中吸取营养。此时他对民间传统建筑也十分注意。此外，他还不断地注视着国外现代建筑的发展。学术上深厚广博的造诣，必然导致他在建筑设计中具有坚实的创作素质。20 世纪 30 年代初期，他所设计的南京中央体育场、中央医院、金陵大学图书馆等就已作出了合理的布局，协调的建筑体型、统一的比例和尺度，并具有我国的建筑风格。我们可以从中剖析出，他的设计不是追求虚假装饰以哗众取宠，也不是抄搬现代建筑形式而求时髦。他所探索的"宫殿式建筑"不论在建筑造型抑或在功能上，其成就高于同时代的外国建筑师。

解放后在"适用、经济、可能条件下注意美观"的建筑设计原则指导下，他并未因循守旧，迎合片面强调形式的思潮。20 世纪 50 年代初期北京和平宾馆的设计，是他将建筑环境、功能、施工、经济和建筑空间艺术高度综合的一个作品。这一简洁、大方、朴素、明朗的新建筑，得到敬爱的周总理的肯定和赞扬，赢得了国内外建筑界的好评。

杨廷宝先生设计过有代表性的重要公共建筑，采用高标准高质量的建筑材料，但也设计过用竹笆抹灰的简易建筑，以较低标准的材料求得较高的建筑效果。他总是能因时因地制宜，使求实精神与建筑设计创作相辅相成，融合而一。在清华大学图书馆和南京工学院图书馆的扩建工程中，他着意于与原有建筑协调与统一。他说过："在完整的建筑群中修建和扩建，有时并不一定需要表现你设计的那个个体，而要着眼于群体的协调"。在南京中山陵音乐台的设计中，他巧妙地将自然地形与建筑有机地结合起来，半圆形的花架、回廊、花坛、坐凳，重点艺术装饰的照壁显得质朴而浑厚，环抱着衬托的树丛，具有强烈的建筑艺术魅力。东北大学的建筑单体、群体设计，南京中国科学院（今江苏科委）的建筑设计，使人们感受到他熟练地运用中、西古建筑的处理手法，不墨守成规而注重创新。在南京工学院动力楼设计中，他运用不同高低的建筑空间，结合不同功能要求和复杂基地形状，处理十分得体。在各项工程中，他重视与建筑结构、施工、建筑设备等工种相互密切配合，力求达到经济和合理。

（摘自：一代宗师 建坛瑰宝 . 潘谷西主编 .

东南大学建筑系成立七十周年纪念专集 [M]. 北京：中国建筑工业出版社，1997:76-77）

关肇邺（清华大学教授，院士）

杨老在清华图书馆的扩建设计中所代表的思想是我们学习的榜样。原有墨菲楼体量较小，只有 2 100 多平方米。在预见到清华园中建筑将日益增多、规模加大的情况下，杨老以一个与原楼从总体到细节完全一样的新楼与它垂直方向布置，并把一个以 45 度方向布置的 4 层高的中楼将二者连接起来，成为一个整体（共 7 700 平方米），避免了本来可能产生的过于零碎的缺点。不知情者均想象不到这是两次接连而成的。

在这里我们可以看到杨老处理手法之巧妙细致。两个八角形小过厅和两个八角形楼梯间成为新老楼之间在平面上和外形上的连接与过渡，解决了二者135度相交的问题，十分自然，十分妥帖，天衣无缝。中楼的大门设在二层，成为全馆的主要入口，直接联系各大阅览室，它没有重复原馆由一层入门后再上大扶梯的手法，既在外观上表现了入口的主次，形象上也有个变换。主门厅面积不大，但上下左右四通八达，左转到新的大阅览室；右转到老阅览室及一部分办公室；上楼则可达三、四层的小阅览室；下楼则可达阅报室及许多办公室（初建时用作文、法学院办公）。是一个经济而高效的交通空间和简朴得体的门厅。扩建后的 L 形图书馆位于校园的中心建筑——大礼堂之后，从东面和北面把礼堂拱卫、衬托起来。它的屋顶轮廓在平缓之中又略有变化，在这一组建筑群中扮演着积极而恰当的角色。它的每个局部或构件，无不在尺度上、构图上和装饰的繁简上做次一级处理，使人们在这个环境中享受到一种平和、庄重和有秩序的整体之美并充满了浓郁的学术气氛。

（摘自：纪念杨廷宝先生，回顾清华图书馆的扩建. 刘先觉主编.
杨廷宝先生诞辰一百周年纪念文集 [M]. 北京：中国建筑工业出版社，2001:058）

杨士萱（贝聿铭建筑事务所建筑师）

父亲对建筑事业的热爱，可以说达到了顶点。为此他倾注了毕生的心血，在建筑创作上树立起自己独特风格。他学贯中西，功力深厚，尤其掌握建筑整体和细部的比例尺度，造诣极深。他的风格求实，又富新意。他的逾百件建筑作品，有几个基本特点：合理的功能布局，协调的建筑环境，完整的建筑体型，统一的比例尺度，中国特色的建筑风格。他既把传统遗产当作激励创作的动力，又不拘泥于古典法式，在建筑成果中又具有中国传统建筑精神。他的建筑风格庄重典雅、严谨细致、洗练大方。他的许多作品已成为中国现代建筑历史上的优秀范例。

1932 年建成的南京中山陵音乐台，利用自然坡地，围成古朴半圆形露天剧场空间。该作品运用中西合璧，手法精湛的建筑处理，构成科学与艺术的统一，成为那个时代洗练、凝重、朴实、大方的建筑范例。历时半个多世纪，它的建筑艺术魅力，至今仍受到中外游人和专家们的赞赏。1933 年建成的南京中央医院，是以现代功能技术为基础，又具有简洁大方，尺度和谐的中国传统特色。1931 年底建成的北京清华大学图书馆扩建工程，将旧主体变成扩建后新的空间环境的一翼。同时又使扩建部分的尺度、材料、色调、细部处理，力求与旧主体协调一致，形成新旧浑然一体。这是中国现代建筑历史上，扩建设计的范例。

1933 年建成的南京谭延闿墓，取法自然小小情趣；因地制宜的灵活构图，与传统严谨构图相结合，保持传统陵墓建筑布局在空间序列上的严肃性。20 世纪 30 年代至 40 年代中，陆续建成的南京中央研究院总办事处等，摒弃传统官署、宫殿严谨中轴线对称布局，因地制宜以现代建筑布局手法，处理建筑群中的主体。这些处理都显示出不拘泥于古典法式，又有中国传统建筑精神的高超手法。1952 年建成的北京和平宾馆，将建筑环境、功能、施工、经济和建筑艺术，高度综合考虑，以现代建筑手法组织内外功能，以现代空间艺术取代装饰艺术，充分体现流动空间、灵活空间、建筑尺寸模数化，表现材料特性等现代建筑的原则，在当时已接近国际上现代建筑发展的进程。8 层高的主楼，餐厅和保留的古树，形成尺度和谐舒坦的外部空间环境；通过过渡与周围保留的传统四合院和沿街传统民居平房，形成新与旧空间环境的统一。

（摘自：温故而知新——为父亲杨廷宝百年诞辰而作 . 刘先觉主编 .

杨廷宝先生诞辰一百周年纪念文集 [M]. 北京：中国建筑工业出版社，2001:097.）

王伯扬（中国建筑工业出版社编审、副总编辑）

杨老一贯注重建筑功能。不论设计哪类建筑，小至住宅，大至综合医院、体育场、百货大楼，他总是把合理解决功能问题放在首位。从 20 世纪 30 年代设计的南京中央体育场、南京中央医院，到 20 世纪 50 年代设计的北京和平宾馆、北京王府井百货大楼，杨老手下的作品，几乎每一项都是既适用，又经济，切合实际，照顾全局，使用方便，流线顺畅。

构图严谨是杨老建筑风格的又一大特点。杨老受过严格的西方古典建筑手法训练，又悉心研究过中国古典建筑做法，从中汲取精华，形成了极其讲究构图的作风。他反对故作怪诞，孜孜以求的是稳健严整、精心大方、妥帖自然、洗练凝重。他的作品，从总体到局部，乃至细部的每一线脚，都十分讲究匀称，经得起推敲。由于新旧建筑是那么协调和统一，使你不可能从清华大学和南京工学院的图书馆建筑上发现杨老扩建的痕迹。而在南京中山陵音乐台的设计中，西方古典建筑总体手法与中国古典建筑细部处理如此和谐地融合在一起，构图完美，天衣无缝，又确实使人不得不折服于名师手笔的艺术魅力。

他对各种形式，不论是西洋古典、中国古典或是西方现代，均能不拘一格，因地而宜，皆为我用。同时又能将古典式样与先进技术、材料相结合，创造出许多新的处理手法，为我国建筑设计开拓出新的思路。

（摘自：峥嵘宏业铿锵声 . 潘谷西主编 . 东南大学建筑系成立七十周年纪念专集 [M].

北京：中国建筑工业出版社，1997:121.）

戴复东（同济大学教授、院士）、吴庐生（同济大学教授）

杨老师设计了一些中国古典形式的建筑物，为了真正吸取古典建筑造型的精华，而不是画虎类犬，杨老师诚心实意地向一些有经验的老匠师学习。他放下架子求教于他们，一段时间内每天中午请他们一同吃午饭，在饭桌上，老匠师们向他传授了知识，杨老师认真仔细地作了笔记，把这些知识应用到设计中去。他说要学就要学得准确，绝对不能自以为是、马马虎虎。他这种对学问一丝不苟、虚心向实践者请教的良好学风，给我们以深刻教育。

（摘自：春蚕到死丝方尽 蜡炬成灰泪始干．潘谷西主编．
东南大学建筑系成立七十周年纪念文集 [M]．北京：中国建筑工业出版社，1997:111.）

南京工学院建筑研究所

杨延宝先生的建筑设计作品在其多方面探索的经历和实践中包含着他自己的建筑观和风格。他和他的同事以及学生们长期实践，产生一定的建筑格调。他主张要有扎实的基本功，努力敏锐地观察事物，勤于积累，增广知识；他主张设计要量体裁衣，切合实际，照顾全局，结合自然；他主张洗练凝重，反对浮华铺张；他不喜欢锋芒毕露、咄咄逼人的风格，他很鄙薄脱离实际，不顾具体经济技术条件的空谈。他的风格稳健、严谨、精心大方，常言道：文如其人，建筑创作也是这样。建筑创作风格是和一个人内在涵养相联系的，而这种涵养，又来自多年的经历，坚持不懈的努力和广博的知识，非一朝一夕所能形成。在建筑创作见解上，可以见仁见智，各有己见，不过一条严肃的踏实的道路，对每个人都是同样需要的。

（摘自：前言，南京工学院建筑研究所编．杨延宝建筑设计作品集 [M]．
北京：中国建筑工业出版社，1983:9.）

潘谷西 李海青 单踊（东南大学教授）

杨先生一贯强调对项目所在地的地形、地貌、气候、社会经济状况、人民生活习俗等应进行深入的调查研究，作为设计创作的依据，并立足于此谈创新。

杨先生 20 世纪 30 年代初主持设计位于南京中山陵附近的前国民政府主席、行政院长谭延闿墓，他充分认识到，业主（谭延闿亲属）欲与中山陵并驾齐驱的愿望无论从资金、地位、形制等方面来看既不现实、也不合适。于是通过实地调研与踏勘地形，确立了不同于中山陵严谨对称、中轴线格局的另一种设计思路：利用山势变化，墓区总体布局采用较为自由的设计手法。由此组成了丰富的建筑空间序列，以幽静秀丽的景致与中山陵宏伟壮观的气势遥相呼应，并形成自己鲜明的特色，这才是脚踏实地的创新！杨先生 20 世纪 50

年代初主持设计的北京和平宾馆因其成功利用地形环境，设过街楼方便交通，保留四合院以及古树为环境增色,至今仍为人们津津乐道，不失为复杂城市环境中设计新建项目的范例。

杨先生还非常关注大量性建筑的经济性问题，并且身体力行。他既设计过许多资金充裕的国家级纪念性建筑，也对经济适用型建筑给予关注，研究县级、乡村医院就是一个典型表现。抗战时期他甚至还设计了运用竹芭墙、空斗墙的重庆国际联欢社、青年会电影院，战后因应房荒之急又设计了南京公教新村等。他并不因为此类项目造价低廉而丧失兴趣，而是更加精心、细致地处理设计问题，一钉一卯皆作仔细推敲，用所谓"粗粮细作"的办法去满足业主的需求，表现建筑更为本真的内涵。重庆国际联欢社一改官方建筑之常态，将中国民居建筑用材质朴，有机布局之精华融入其中，充分结合地形变化与道路转折，看似时髦的形体扭转实际上因应了城市道路之走向，非常巧妙地组织了建筑空间——此乃真正的大师风范——因势利导，变不利条件为创新的机遇和突破口。

如果查阅一些杨先生主持设计项目的施工图，就会发现几乎每一项目皆做到室内设计深度，其节点详图数量之多，构思之巧，处理之细，至今为人称道。

杨先生长期的创作实践可以证明，他对各种建筑风格都坚持"古今中外皆为我用"的原则。求学西方并在中国长期实践的专业背景以及勤于思、慎于言、敏于行的工作作风，使他对古今中外各类建筑形式风格都很熟悉，都能在需要时加以得心应手的运用。但他始终对各类建筑"时尚"保持清醒的头脑，从不标榜自己的"风格"，更不自封"××派"。相反，其一生都对建筑界流行的各种"主义""流派"保持冷静审视的态度，并坚持自己的评价标准。

杨先生热爱祖国，对在建筑创作中表现中华民族文化传统情有独钟，但他并非要将所有建筑都进行民族风格的诠释与"翻译"，统统穿上某种系列"制服"。在这一点上，他与童寯先生有着共同的理念。他还将建筑分成以功能性为主的实用经济型和以纪念性为主的文化象征型两类，主张根据具体建筑的功能性质以及对于形式、风格要求的重要程度加以分别处理，不一概而论。因此他对民族风格的探索力求结合建筑的性质、功能、环境，所以能够独辟蹊径。如南京原中央研究院总办事处侧重于模仿中国古代官式建筑——表现国家级学术机构的纪念性；南京原中央医院倾向于现代建筑，运用适度细节体现民族韵味——因为医院建筑以功能性为主；而北京和平宾馆则是典型的现代建筑——为节省工期以尽快投入使用，即便如此，杨先生仍通过保留宾馆前的传统四合院以及厨房内的百年老树等空间处理手法来体现中国文化的魅力。可以说在第一代中国建筑师中，杨先生是对西方现代建筑中国化问题以及民族形式问题探索最早和最深入者之一。

20 世纪 50 年代后期，杨先生设计南京工学院"中大院"扩建东、西两翼工程，虽然从层高、比例、尺度、细部处理以及外墙饰面等方面尽可能考虑与原有主体建筑间相协调，但也根据使用要求以及朝向、日照、采光等因素设置了水平方向遮阳板，因此东、西两个立面也有了自己的"表情"。但无论如何，从总体上看，新、老两部分仍然是亲密无间的"一家人"。杨先生在其他一些设计作品诸如清华大学图书馆扩建工程、中央大学图书馆扩建工程、南京工学院大礼堂两翼扩建工程的设计中同样运用了类似的设计手法，表现出和谐统一的审美取向。

杨先生虽然出身于建筑学专业，但其建筑观能够随着社会的发展而不断前进。在20世纪70年代中国的城市规划和环境保护工作尚未显紧迫之时，杨先生已通过总结国际上的相关经验，敏锐地意识到关于建筑学的专业观念必须向更大范围拓展。

杨廷宝先生在长期的建筑创作实践中开拓出了一条现实主义的建筑创作路——汲取西方现代建筑有益的成分，结合国情，开创自己的现代建筑之路。

（摘自：现实主义建筑创作路线的典范——杨廷宝建筑创作思想探讨．刘先觉主编．

杨廷宝先生诞辰一百周年纪念文集．北京：中国建筑工业出版社，2001:21-27.）

张开济（北京市建筑设计研究院总建筑师）

在旧社会，上海的建筑设计大权都是掌握在洋人手里。和平饭店、锦江饭店、上海大厦等都是英国建筑师设计的。在北京，民国初年改建的"大前门"和当时中南海勤政殿的扩建工程都是法国建筑师设计的。因此，可以说中国一度是外国建筑师的天下。

在我国，中国人自己组织的正规的建筑设计事务所开始于基泰工程司。解放前，规模较大的建筑师事务所有基泰、华盖、兴业等。基泰的建筑设计极大部分都是杨廷宝搞的，"华盖"则是赵深、童寯和陈植亲自动手，"兴业"的设计主要是李惠伯搞的。此外，还有一些建筑师，如庄俊、董大酉等。这些建筑界的前辈们不仅从外国人手中夺回了建筑设计大权，而且他们的作品的质量也是相当高的，可以说相当于或接近于当时的国际水平。所以，他们对我国建筑界的贡献是很大的。

杨廷宝是"基泰"的主要设计人，因此也是我们建筑设计界开创人之一。

我认为，他的作品都是很成熟的，比较细致，路子很端正，从总平面到细部设计他都是亲自动手，不只画图，而且是随着工程一抓到底。我认为，作为一个建筑师除了专业素养之外，还要有广博的知识、较高的艺术修养、较强的分析问题的能力、认真的态度和正派的作风。杨老完全具备这些条件。杨老为人随和，平易近人，最可贵的长处是认真、好学。

（引自：代序．齐康记述．杨廷宝谈建筑．中国建筑工业出版社，1991：5-6.）

陈植（上海民用建筑设计院原院长、上海市建委科技委员会技术顾问）

50 余年中，仁辉*在建筑创作方面的优秀记录是建筑界尽人皆知，得到高度评价的。如南京军区总医院、中山陵音乐台和南京航空学院。作为凝固的音乐，这几个代表性建筑有主旋律，有配调，抑扬顿挫，相得益彰。20 世纪 30 年代能达到这样高的水平，突出当时的时代气息，值得赞扬，不可以今论昔。建国以后，仁辉的首次创作是北京和平宾馆（结构设计出于杨宽麟），在有限的空间内，布局既紧凑又舒畅。最成功的是沟通了金鱼胡同和西堂子胡同的交通。一度被诬为"方盒子"，实际上是简洁、凝重、温馨、古朴，方形窗户的排列表现了北京前门箭楼的格调。

（摘自：代序.学贯中西 业绩共辉——忆杨老仁辉、童老伯潜 [J].

建筑师，1994，40:156.）

郑孝燮（建设部城市规划司顾问）

杨老师对中国古建筑下过功夫，造诣很深，自己又有亲身实践经验。他曾主持过北京许多重要古建筑的修缮，如国子监、碧云寺罗汉堂、天坛的祈年殿等。他甚至钻到祈年殿的宝顶里细致地了解情况。他对古建筑的修缮卓有贡献，手法运用稔熟，从群体到个体以及比例、细部、色调等的研究和掌握，都极有功力。

（引自：齐康记述.杨廷宝谈建筑 [M].北京：中国建筑工业出版社，1991:9.）

唐璞（重庆建筑大学教授）

我很敬佩他的手笔和思路，在这一方面充分表现出第一代大师的风采，过硬的基本功，让人心服口服，同时也充分表现出他超凡的灵感。

1933 年作为全国运动会使用的大型体育场，其中包括田径场、篮球场、排球场、游泳场、国术场、网球场等设施。在总平面布置中，他采取的方法是既分散，又集中，既照顾整体，又分出主次，既考虑了功能的首要性，又以艺术手法，加强了它的功效作用。杨先生都做了完善的有机分布和韵律性的组合，并在这一理念上，作了重点与一般相结合的处理。为此，田径场的大门表现出世纪初那一时代的中国气息的体育建筑，而不是带外国味的新建筑。

我感到杨先生对此早有预见性和解决问题的方法，杨先生把田径为主的体育场进口，作为重点的处理部位，他把精华荟萃的传统艺术用之于新的需要之处，使人感到新颖，而不失为中国当代的著名建筑。

---

* 杨廷宝，字仁辉。

（摘自：不是我师，胜似我师. 刘先觉主编. 杨廷宝先生诞辰一百周年纪念文集 [M].

北京：中国建筑工业出版社，2001:044.）

汪正章（合肥工业大学教授）

杨先生跳出了学院派的圈子，坚定地站在现代派一边，并从学院派那里吸取了一些有益经验。他执着地追求建筑的完美性、艺术性，同时又接受了新建筑基本原则，坚持建筑的应用性、科学性，从而毫不怜惜地摒弃了建筑的"纯艺术"观念。引人注目的是，当他早年在清华学堂读书，对建筑的认识尚处于混沌初开的启蒙时期，便认定建筑是一项"既有科学也有应用美术"的工作，从此对建筑的"双重性"信念终生不辍，老而愈坚。他无数次不厌其烦地强调建筑师不但是一位"应用美术家"，而且也是一位"应用科学家"。在这里，"用""美"二字，简单而深刻地揭示了建筑术与纯美术的区别，也划出了建筑学与纯工程的界限。如今，建筑的双重特性已被肯定，而杨先生则是这一论点的先声。

如果说"双重性"反映了杨先生对建筑本体的基本观念，那么"综合性"则是这种观念的进一步发展和提升。

正因为他对建筑的双重性、综合性有如此深刻的理解，才促使他为当好建筑师这个"大综合、大协调"的"总指挥"而倾注毕生的心血。他脚踏实地，向社会学习；他不耻下问，向工匠学习；他攀山越岭，向自然学习；他手不离笔，向艺术学习；他身不离图，在设计中学习。真是"干到老，学到老。"直到他逝世前一年，在主持《大百科全书（建筑卷）》的工作时，还对建筑学科的最新发展和综合性含义，对建筑学和其他新兴学科的"互相渗透、互相包容"，做出了精辟而科学的概括和阐发，为"广义建筑学"在我国的发展奠定了思想基础。作为曾受过古典学院派熏陶的建筑艺术家，能有这样的观念升华和理论归宿，真是难能可贵。

当我们讲到杨先生关于建筑的本体观念时，还应当提及他的"大环境"意识……而在这方面，杨先生同样是我们的先知先觉。

杨先生的早期作品如清华图书馆、南工图书馆、南京中山陵音乐台等一大批建筑，还有他在 20 世纪 70 ~ 80 年代主持、指导或评价的许多城市规划，都是这一"大环境"观念的最好体现。一幢建筑，大而言之，牵动着国家、民族，这是杨先生的"宏观环境"观念；次而言之，关系到一个地区的自然气候、风土人情，这是杨先生的"中观环境"观念；小而言之，涉及建筑四周的城市文脉、地形地貌，这是杨先生的"微观环境"观念，从而构成了他对环境认识的大系统。

一个建筑师，他对建筑的价值观念是受其对建筑的个体观念支配的，在"多方位、大环境"的建筑本体观念支配下，杨先生反对盲目追求"个人表现"，从未沉湎于"纪念碑式"的个人价值的小天地，而是在"人"与"物"的两个基点上，把自己的创作和人民的需要紧密结合起来，自觉地、辩证地接受物质条件的制约，一点一点、一步一步实现着自己认定的建筑价值观念。

"建筑师是为人民服务的"——这是杨先生建筑价值观的主旨和核心。这种以"人"为中心的建筑价值观念倾注了这位建筑师对解决人类生活居住问题的职业使命感和崇高责任感。究其根源，也是东西方两种不同的人本和人文观念在他身上的交相感应。由于受历史条件的制约，如果说解放以前的岁月，他创作笔下的服务对象还只是限于当时上流社会中少数业主的话，那么，在新中国建立以后，他的目光便转而向着"服务于人民大众""服务于亿万中国人民"了。虽然他这时期主要从事建筑教育，其作品数量远逊于以前，但是他的视野却更广阔，心也与人民贴得更紧了。直到暮年，他的足迹仍踏着大江南北的城镇乡村、山山水水，呼唤着、实践着为普通中国人设计和建造"经济、适用、美观"的房屋。他十分强调"注意一般大量性建造的建筑"，关心着从居民点建设、街坊布局、职工上班、卫生托幼到房子漏雨、门窗松动、蚊蝇孳生、垃圾道设置等生活居住中的每一个细节问题。这对 20 世纪 90 年代的中国建筑创作，对解决正在达到"小康水平"的中国人民的居住问题，具有重要的现实意义。

学贯中西，荟萃古今，学洋而未洋化，习古而未泥古，才是他的更可贵的建筑文化品格。杨先生不愧为一代"文化型"的建筑宗师！

根本上说，杨先生的创作活动贯穿着一条主线，那就是表现了理性进取的创作思想精神，其中既含有西方古典的理性主义成分，又有西方现代理性主义的因素，而且还贯通着与中国传统文化中的唯理观、伦理观、道德观的某种联系。这三者的合流，加上建国后所受的马克思主义教育，以及社会主义、爱国主义责任感的驱使，终于使他积淀了一个坚定而孜孜以求的文化信念：中国的现代建筑必须走中国自己的道路。

（摘自：外师造化，中得心源——杨廷宝建筑观浅探 [J]. 建筑学报，1991.4.）

张镈（北京市建筑设计研究院总建筑师）

严格不苟，是杨老从事建筑设计的重要特点之一。

他的设计工作做得很深、很细。1934 年我参加"基泰"看过他的施工图，细致、正规。他讲究画"轴线"，不但立面，平面也重视。我感受很深，我也学他这一点。他对隙缝和线角也很重视。他的设计不搞标新立异，不拿人力、物力来表达自己的才华。他是一位有真才实学的人，他的一生是一步一个脚印往前走。

（引自：代序．齐康记述．杨廷宝谈建筑 [M]．北京：中国建筑工业出版社，1991:8-9.）

1933 年夏，我毕业的前一年到天津基泰工程司去拜访杨先生。他正坐在小图房的图板前在画线图。图面十分工整。这时他已是基泰的合伙人，是主持图房的总建筑师，是设计建造整个东北大学新校、沈阳北站、北京西河沿大陆银行以及大量高级住宅的名师了，功成名就，有了很高的社会地位。但是他还是趴在图桌上制图。1934 年夏我进基泰工作实习。图房里的十多位同事都是很有经验的绘图员。他们都能很快地理解杨先生的设计意图，都在发挥才能，独立工作。他们遇到问题去小图房请教时，杨先生不离自己的图板，能够答问如流，并眉批解决问题的办法。十来个设计同时进行，他了如指掌。一是交代清楚，从来不做出尔反尔、反复无常的乱改。二是心中有数，对每个设计可能遇到的问题早有预见对策，对来人的问题耐心解答，具体地帮助。他们彼此合作得十分默契。

（摘自：怀念授业恩师杨廷宝．刘先觉主编．杨廷宝先生诞辰一百周年纪念文集 [M].
北京：中国建筑工业出版社，2001:037-038.）

罗小未（同济大学教授）

假如我们认真地回顾杨廷宝自 20 世纪 20 年代至今几十年中的建筑创作道路，会吃惊地发现这俨然是一部我国 60 年来建筑创作历史的注解。他的作品有今有古，或古今结合；有中有西，或中西合璧。虽然人们可以取其一而冠以这种或那种主义，或您自己的好恶而加以褒贬，但这不是历史。杨老和我国其他几位杰出的第一代建筑师一样，其贡献不在于倡导了什么现成的学派，而在于坚持了严谨的现实主义探索精神，努力在洋为中用、古为今用中探索自己的道路。在这个艰巨的历程中，他们尽可能地认识社会，适应社会和工作任务对他们的要求，尽心创作，并不断地充实自己，力图在不同要求和有限的条件下得到较为圆满的解决。这就是他们的贡献。这种精神将激励着后人前进。

（引自：代序．齐康记述．杨廷宝谈建筑 [M]．北京：中国建筑工业出版社，1991:6-7.）

附录六：设计项目图片索引

项目名称	图片名称及来源	绘图来源
90.人民英雄纪念碑（1950年）	1. 南面景观（黎志涛摄）	根据《建筑学报》1978年第2期P7绘制
	2. 1958年建成时景观（来源：中国建筑学会编.建筑设计十年.北京：无出版社，1959：无页码）	
	3. 北面夜景（黎志涛摄）	
	4. 碑座浮雕（黎志涛摄）	
91. 北京和平宾馆（1951年）	1. 鸟瞰渲染图（来源：韩冬青 张彤主编.杨廷宝建筑设计作品选.北京：中国建筑工业出版社，2001：137）	根据巫敬桓建筑师之女巫加都提供的全套施工图绘制
	2. 主楼西南角外景（来源：韩冬青 张彤主编.杨廷宝建筑设计作品选.北京：中国建筑工业出版社，2001：142）	
	3. 主楼西北角外景（来源：南京工学院建筑研究所编.杨廷宝建筑设计作品集.北京：中国建筑工业出版社，1983：184）	
	4. 南立面近景（来源：建筑工程部建筑科学研究院编.建筑十年 中华人民共和国建国十周年纪念 1949-1959.图号86）	
	5. 宴会厅施工现场（来源：王建国主编 .杨廷宝建筑论述与作品选集.北京：中国建筑工业出版社，1997：95）	
	6. 门厅内景（来源：王建国主编. 杨廷宝建筑论述与作品选集. 北京：中国建筑工业出版社，1997：96）	
	7. 门厅楼梯间（来源：建筑工程部建筑科学研究院编.建筑十年 中华人民共和国建国十周年纪念 1949-1959.图号87）	
	8. 套间客房内景一（来源：南京工学院建筑研究所编.杨廷宝建筑设计作品集.北京：中国建筑工业出版社，1983：186）	
	9. 套间客房内景二（来源：南京工学院建筑研究所编.杨廷宝建筑设计作品集.北京：中国建筑工业出版社，1983：186）	
	10. 当年北京最高的楼，今已被更高的群楼淹没（巫加都摄）	
	11. 今之一层外观和环境已面目全非（黎志涛摄）	
92.北京中华工商业联合会办公楼（1951年）	1. 透视渲染图（来源：南京工学院建筑研究所编.杨廷宝建筑设计作品集.北京：中国建筑工业出版社，1983：188）	根据巫敬桓建筑师之女巫加都提供的全套施工图绘制
	2. 入口门廊旧照（来源：南京工学院建筑研究所编.杨廷宝建筑设计作品集.北京：中国建筑工业出版社，1983：189）	
	3. 围墙门灯旧照（来源：南京工学院建筑研究所编.杨廷宝建筑设计作品集.北京：中国建筑工业出版社，1983：189）	
	4. 街立面外景（巫加都摄）	
	5. 入口院落景观（黎志涛摄）	
93. 南京中华门长干桥改建（1951年）	1. 刘伯承题字（黎志涛摄）	根据南京工学院建筑研究所编《杨廷宝建筑设计作品集》P190绘制，并补剖面图
	2. 侧景旧照（来源：不详）	
94. 北京王府井百货大楼（1953年）	1. 入口墙壁上的铜牌（黎志涛摄）	根据巫敬桓建筑师之女巫加都提供的全套施工图绘制
	2. 1955年9月开业时的北京市百货公司王府井百货商店全景（来源：巫加都提供）	
	3. 东入口大门（来源：巫加都提供）	
	4. 东侧大门厅内景（来源：巫加都提供）	
	5. 1999年新建北部商业楼时出新后的百货大楼（黎志涛摄）	
	6. 20世纪50年代后的营业厅内景一（来源：巫加都提供）	
	7. 20世纪50年代后的营业厅内景二（来源：巫加都提供）	
	8. 入口通长雨棚（黎志涛摄）	
	9. 墙面装饰细部（巫加都摄）	
	10. 母子休息室入口（来源：巫加都提供）	
	11. 2004年内部升级改造后的内景（黎志涛摄）	
	12. 一层天花板内景（巫加都摄）	
	13. 南侧边门厅（巫加都摄）	
	14. 大理石扶梯（巫加都摄）	

项目名称	图片名称及来源	绘图来源
95. 南京华东航空学院教学楼（1953年）	1. 1954年建成时的外景旧照（来源：中国建筑学会编.建筑设计十年.北京：无出版社，1959：无页码）	根据东南大学建筑学院011001班学生张绅、冯俊、陈栋梁等测绘图绘制
	2. 教学楼南面外景（来源：南京工学院建筑研究所编.杨廷宝建筑设计作品集.北京：中国建筑工业出版社，1983：194）	
	3. 大教室外景（来源：南京工学院建筑研究所编.杨廷宝建筑设计作品集.北京：中国建筑工业出版社，1983：195）	
	4. 北入口外景（来源：韩冬青 张彤主编.杨廷宝建筑设计作品选.北京：中国建筑工业出版社，2001：146）	
	5. 北立面侧景（来源：韩冬青 张彤主编.杨廷宝建筑设计作品选.北京：中国建筑工业出版社，2001：147）	
96. 南京大学东南楼、西南楼（1953年）	1. 俯视东南楼全景旧照（来源：南京工学院建筑研究所编.杨廷宝建筑设计作品集.北京：中国建筑工业出版社，1983：197）	根据赵辰查询南京大学档案馆提供的全套施工图纸绘制
	2. 教学楼中部外景（黎志涛摄）	
	3. 中部入口（来源：南京工学院建筑研究所编.杨廷宝建筑设计作品集.北京：中国建筑工业出版社，1983：196）	
	4. 东南楼一角（来源：南京工学院建筑研究所编.杨廷宝建筑设计作品集.北京：中国建筑工业出版社，1983：196）	
	5. 主入口大台阶石栏杆（黎志涛摄）	
	6. 正视主入口外景（黎志涛摄）	
	7. 教学楼西端外景（黎志涛摄）	
	8. 北面次入口外景（黎志涛摄）	
	9. 东、西边门（黎志涛摄）	
97. 南京工学院校园中心区规划设想（1954年）	1. 国立中央大学校园中心区总立面（来源：东南大学档案馆）	根据南京工学院建筑研究所编《杨廷宝建筑设计作品集》P198绘制
	2. 国立中央大学校园中心区早期建筑南向鸟瞰（来源：东南大学档案馆）	
	3. 国立中央大学校园中心区景观（来源：东南大学档案馆）	
	4. 国立中央大学校园中心区早期建筑北向鸟瞰（来源：东南大学档案馆）	
	5. 南京工学院校园中心区规划设想（来源：南京工学院建筑研究所编.杨廷宝建筑设计作品集.北京：中国建筑工业出版社，1983:198）	
	6. 校园中轴线南端（校门）环境景观（黎志涛摄）	
	7. 校园中轴线北端（大礼堂）环境景观（黎志涛摄）	
	8. 校园中轴线东侧（中大院）景观现状（黎志涛摄）	
	9. 校园中轴线西侧（新老图书馆）景观现状（黎志涛摄）	
98. 南京工学院五四楼（1953年）	1. 1954年建成时的北向外观旧照（来源：东南大学档案馆）	根据东南大学档案馆提供的施工图纸绘制
	2. 南面沿街景观（黎志涛摄）	
	3. 北面临校园景观（唐滢、张博涵摄）	
	4. 东立面外景（黎志涛摄）	
	5. 北入口造型（黎志涛摄）	

项目名称	图片名称及来源	绘图来源
99.南京工学院五五楼（1954年）	1. 1955年建成时的外观旧照（来源：东南大学档案馆）	根据东南大学档案馆提供的施工图纸绘制
	2. 中段外景旧照（来源：南京工学院建筑研究所编.杨廷宝建筑设计作品集.北京：中国建筑工业出版社，1983：200）	
	3. 西山墙入口门廊旧照（来源：南京工学院建筑研究所编.杨廷宝建筑设计作品集.北京：中国建筑工业出版社，1983：200）	
	4. 东翼外景（黎志涛摄）	
	5. 转角入口外景一（黎志涛摄）	
	6. 转角入口外景二（黎志涛摄）	
	7. 西山墙外景（黎志涛摄）	
	8. 北面局部外景（黎志涛摄）	
100. 南京林学院校园规划（1956年）	1. 20世纪50年代校园中心区中轴线西端的校大门（来源：南京林业大学档案馆）	根据张帆查询南京林业大学档案馆提供的校园规划图纸绘制
	2. 20世纪50年代校园中心区中轴线景观（来源：南京林业大学档案馆）	
	3. 20世纪50年代后期的教学区、实习工厂区、学生宿舍区（来源：南京林业大学档案馆）	
	4. 20世纪80年代后期校园中心区中轴线西端的校大门（来源：南京林业大学档案馆）	
	5. 20世纪80年代初期的校园中心区中轴线景观（来源：南京林业大学档案馆)	
	6. 教学中心区中轴线东端教学主楼鸟瞰（来源：南京林业大学档案馆）	
	7. 20世纪80年代校园中心区中轴线北侧景观（来源：南京林业大学档案馆）	
	8. 教学主楼西立面外景（来源：南京林业大学档案馆）	
101. 南京工学院兰园教授住宅（1956年）	1. 甲标准教授住宅南面景观（黎志涛摄）	根据东南大学档案馆提供的施工图纸绘制
	2. 甲标准教授住宅端单元西北面景观（黎志涛摄）	
102. 南京工学院动力楼（1956年）	1. 20世纪50年代动力楼外景旧照（来源：南京工学院建筑研究所编.杨廷宝建筑设计作品集.北京：中国建筑工业出版社，1983：202）	根据东南大学档案馆提供的施工图纸绘制
	2. 20世纪50年代动力楼转角处景观旧照（来源：南京工学院建筑研究所编.杨廷宝建筑设计作品集.北京：中国建筑工业出版社，1983：202）	
	3. 主入口景观(黎志涛摄)	
	4. 修缮后的动力楼俯视全景（张立、奚涵宇摄）	
	5. 动力楼东翼景观（黎志涛摄）	
	6. 西翼临街景观（黎志涛摄）	
103. 南京工学院中大院扩建工程（1957年）	1. 扩建前建于1929年的生物馆旧照（来源：东南大学档案馆）	根据东南大学档案馆提供的施工图纸绘制
	2. 新老建筑西衔接处外观（来源：南京工学院建筑研究所编.杨廷宝建筑设计作品集.北京：中国建筑工业出版社，1983：203）	
	3. 新老建筑东衔接处外观（来源：南京工学院建筑研究所编.杨廷宝建筑设计作品集.北京：中国建筑工业出版社，1983：203）	
	4. 2002年整体修缮后的全貌（黎志涛摄）	
	5. 扩建西翼立面景观（黎志涛摄）	
	6. 扩建东翼立面景观（黎志涛摄）	
	7. 新老建筑连接处之入口（黎志涛摄）	
104. 南京工学院大礼堂扩建工程（1957年）	1. 国文保碑(黎志涛摄)	根据东南大学档案馆提供的施工图纸绘制
	2. 扩建前建于1931年的大礼堂旧照（来源：东南大学档案馆）	
	3. 现今大礼堂全景（黎志涛摄）	
	4. 扩建后的大礼堂鸟瞰全景（来源：东南大学档案馆）	
	5. 扩建东翼——新老建筑的结合（黎志涛摄）	
	6. 扩建西翼——新老建筑的结合（黎志涛摄）	
	7. 扩建东翼东立面外景（黎志涛摄）	

项目名称	图片名称及来源	绘图来源
105. 南京工学院沙塘园学生宿舍（1957年）	1. 建于1958年的学生宿舍外景旧照（来源：南京工学院建筑研究所编.杨廷宝建筑设计作品集.北京：中国建筑工业出版社，1983：204）	根据东南大学档案馆提供的施工图纸绘制
106. 南京工学院沙塘园学生食堂（1957年）	1. 建于1958年的学生食堂外观旧照（来源：南京工学院建筑研究所编.杨廷宝建筑设计作品集.北京：中国建筑工业出版社，1983：206） 2. 学生食堂内景一（来源：南京工学院建筑研究所编.杨廷宝建筑设计作品集.北京：中国建筑工业出版社，1983：207） 3. 学生食堂内景二（来源：南京工学院建筑研究所编.杨廷宝建筑设计作品集.北京：中国建筑工业出版社，1983：207）	根据东南大学档案馆提供的施工图纸绘制
107. 江苏省省委一号楼（1957年）	1. 南立面景观（黎志涛摄） 2. 北立面景观（黎志涛摄）	根据主编现场拍摄的照片和江苏省档案馆提供的水电竣工图绘制
108. 北京人民大会堂（1958年）	1. 1959年建成时的主入口外景旧照（来源：建筑学会编.建筑设计十年.北京：无出版社，1959：无页码） 2. 2019年中华人民共和国成立70年时的东立面全景（黎志涛摄） 3. 北立面景观（黎志涛摄） 4. 大会堂内景（来源：中国建筑学会编.建筑设计十年.北京：无出版社，1959，无页码） 5. 北入口大厅上二层宴会厅主楼梯（来源：中国建筑学会编.建筑设计十年.北京：无出版社，1959：无页码） 6. 北入口大厅内景（来源：中国建筑学会编.建筑设计十年.北京：无出版社，1959：无页码）	根据《建筑学报》1959年第9-10期P24、P25绘制并补立面图
109.北京站（1958年）	1. 北向俯视全景旧照（来源：国家基本建设委员会建筑科学研究院编.新中国建筑.北京：中国建筑工业出版社，无页码） 2. 北向鸟瞰全景旧照（来源：2018年6月，北京市城市建设档案馆"时光如烟古都巨变"辉煌四十年影像记忆展览） 3. 南向鸟瞰全景旧照（来源：中国建筑学会编.建筑设计十年.北京：新华印刷厂印，1960：无页码） 4. 远眺刚建成时的北京站旧照（来源：人民铁道出版社编.北京站.北京：人民铁道出版社，1960：无页码） 5. 夜景靓影（来源：建筑工程部建筑科学研究院编.建筑十年 中华人民共和国建国十周年纪念 1949-1959.图号26） 6. 北立面全景现状（黎志涛摄） 7. 主入口正面外景（黎志涛摄） 8. 钟塔内侧近影（来源：人民铁道出版社编.北京站.北京：人民铁道出版社，1960：无页码） 9. 钟塔外侧景观（黎志涛摄） 10. 主立面东、西两端出站口屋顶外观（黎志涛摄） 11. 1959年刚建成时的广厅旧照（来源：人民铁道出版社编.北京站.北京：人民铁道出版社，1960：无页码） 12. 广厅自动扶梯旧照（来源：人民铁道出版社编.北京站.北京：人民铁道出版社，1960：无页码） 13. 二层广厅内景（来源：建筑工程部建筑科学研究院编.建筑十年 中华人民共和国建国十周年纪念 1949-1959.图号25） 14. 二层广厅侧景（来源：《建筑学报》1959.9-10期） 15. 刚建成时的跨线进站天桥旧照（来源：人民铁道出版社编.北京站.北京：人民铁道出版社，无页码）	根据东南大学档案馆提供的全套竣工图纸绘制

项目名称	图片名称及来源	绘图来源
110. 徐州淮海战役烈士纪念塔（1959年）	1. 鸟瞰渲染图（来源：韩冬青 张彤主编.杨廷宝建筑设计作品选.北京：中国建筑工业出版社，12001：152）	根据南京工学院建筑研究所编《杨廷宝建筑设计作品集》P208、209、211和照片绘制并补图
	2. 北大门全景（来源：王建国主编.杨廷宝建筑论述与作品选集.北京：中国建筑工业出版社，1997：102）	
	3. 纪念塔模型(来源：南京新华报业熊晓绚提供)	
	4. 全景（来源：韩冬青 张彤主编.杨廷宝建筑设计作品选.北京：中国建筑工业出版社，2001：152）	
	5. 塔身浮雕群像（来源：王建国主编.杨廷宝建筑论述与作品选集.北京：中国建筑工业出版社，1997：102）	
	6. 近景（来源：中央电视台吴燕摄）	
	7. 碑廊（来源：中央电视台吴燕摄）	
	8. 壁画（来源：中央电视台吴燕摄）	
111. 南京民航候机楼（1972年）	1. 全景（来源：韩冬青 张彤主编.杨廷宝建筑设计作品选.北京：中国建筑工业出版社，2001：156）	根据《建筑学报》1976年第2期和照片绘制并补立面、剖面图
	2. 外景（来源：《建筑学报》1976年第2期）	
	3. 入口雨棚（来源：南京工学院建筑研究所编.杨廷宝建筑设计作品集.北京：中国建筑工业出版社，1983：213）	
	4. 候机厅内景（来源：《建筑学报》1976年第2期）	
	5. 候机厅东端内景（来源：南京工学院建筑研究所编.杨廷宝建筑设计作品集.北京：中国建筑工业出版社，1983：214）	
	6. 候机厅西端内景（来源：韩冬青 张彤主编.杨廷宝建筑设计作品选.北京：中国建筑工业出版社，2001：156）	
	7. 贵宾室内景（来源：南京工学院建筑研究所编.杨廷宝建筑设计作品集.北京：中国建筑工业出版社，1983：215）	
	8. 餐厅内景（来源：南京工学院建筑研究所编.杨廷宝建筑设计作品集.北京：中国建筑工业出版社，1983：215）	
	9. 2015年已废弃的南京民航候机楼北立面鸟瞰（赖坤祺航拍）	
112. 北京图书馆新馆（1975年）	1. 1987年开馆全景（来源：国家图书馆胡建平提供）	
	2. 夜景（来源：国家图书馆马涛提供）	
	3. 公共走廊（来源：国家图书馆胡建平提供）	
	4. 1987年开馆时的目录检索大厅（来源：国家图书馆胡建平提供）	
	5. 1987年开馆时的文津厅（来源：国家图书馆胡建平提供）	
113. 毛主席纪念堂（1976年）	1. 北立面全景（黎志涛摄）	根据《建筑学报》1977年第4期P7、P14绘制并补立面图
	2. 南立面全景（黎志涛摄）	
	3. 西立面外景（黎志涛摄）	
	4. 南立面俯视全景（来源：《建筑学报》1977年4期封面）	
	5. 环境绿化（来源：《建筑学报》1977年第4期封底）	

项目名称	图片名称及来源	绘图来源
114.上海南翔古漪园逸野堂（1979年）	1. 西立面全景（黎志涛摄）	根据主编现场拍摄的照片和南京工学院建筑研究所编《杨廷宝建筑设计作品集》P217绘制并补立面、剖面图
	2. 北立面外景（黎志涛摄）	
	3. 西南角外景（黎志涛摄）	
	4. 入口门廊（黎志涛摄）	
	5. 南立面景观（黎志涛摄）	
	6. 入口门廊外望（黎志涛摄）	
	7. 檐廊（黎志涛摄）	
	8. 内景（黎志涛摄）	
115.江苏泰兴杨根思烈士陵园（1979年）	1. 省文保碑（黎志涛摄）	根据杨根思烈士陵园提供的全套施工图绘制。
	2. 1951年，杨根思烈士祠堂旧影（来源：杨根思烈士陵园陈列馆）	
	3. 1951年，杨根思烈士碑旧影（来源：杨根思烈士陵园陈列馆）	
	4. 大门全景（黎志涛摄）	
	5. 卧碑正面全景（黎志涛摄）	
	6. 杨根思雕像（黎志涛摄）	
	7. 陈列馆前广场（缪昌盛摄）	
	8. 陈列馆外景（缪昌盛摄）	
	9. 俯视纪念馆广场（来源：中央电视台《百年巨匠》建筑篇剧组提供）	
	10. 陈列馆北立面外景（黎志涛摄）	
	11. 鸟瞰全景（来源：中央电视台《百年巨匠》建筑篇剧组提供）	
	12. 纪念堂西立面外景（黎志涛摄）	
	13. 保留的祠堂侧景（黎志涛摄）	
	14. 纪念堂南立面外景（黎志涛摄）	
	15. 衣冠冢（黎志涛摄）	
116.南京清凉山崇正书院（1980年）	1. 市文保碑（黎志涛摄）	绘图来源根据《南工学报》1982年第四期杨德安："〈古崇正书院〉重新设计"一文插图绘制总平面图，并补绘纵剖面图
	2. 一殿外景（黎志涛摄）	
	3. 前庭（黎志涛摄）	
	4. 中庭东侧园林（黎志涛摄）	
	5. 1982年3月杨廷宝为南京清凉山公园崇正书院题字（黎志涛摄）	
	6. 中庭西侧"江天一线阁"（黎志涛摄）	
	7. 三殿外景（黎志涛摄）	
	8. 三殿内景（黎志涛摄）	
117. 南京雨花台烈士纪念碑方案（1980年）	方案鸟瞰图（来源：南京工学院建筑研究所编.杨廷宝建筑设计作品集.北京：中国建筑工业出版社，1983：219）	
118. 南京雨花台烈士纪念馆（1980年）	1. 立面构思草图（杨廷宝手迹）	根据齐康著《日月同辉》插图和照片绘制
	2. 方案模型一（来源：王建国主编.杨廷宝建筑论述与作品选集.北京：中国建筑工业出版社，1997：110）	
	3. 方案模型二（来源：王建国主编.杨廷宝建筑论述与作品选集.北京：中国建筑工业出版社，1997：110）	
	4. 从忠魂亭看纪念馆南立面全景（黎志涛摄）	
	5. 北立面全景（黎志涛摄）	
	6. 主入口背面外观（黎志涛摄）	
	7. 后翼端部外观（黎志涛摄）	

项目名称	图片名称及来源	绘图来源
119. 福建武夷山庄（1981年）	1. 西向鸟瞰（来源：南京工学院建筑系 建筑研究所编.教师设计作品选.南京，南京工学院出版社，1987：56）	绘图来源根据《建筑学报》1985年第一期"返朴归真 蹊辟新径"一文插图绘制平面图，并补绘立面、剖面图
	2. 入口（来源：南京工学院建筑系 建筑研究所编.教师设计作品选.南京，南京工学院出版社，1987：56）	
	3. 西翼客房楼南向外景（来源：《建筑学报》1985年第一期封面）	
	4. 客房楼南向外观（来源：齐康主编.建筑创作的纪程.北京：中国建筑工业出版社，1997：37）	
	5. 客房东立面外景（来源：齐康主编.建筑创作的纪程.北京：中国建筑工业出版社，1997：37）	
	6. 内院（来源：南京工学院建筑系，建筑研究所编.教师设计作品选.南京：南京工学院出版社，1987：57）	
	7. 休息厅（来源：齐康主编.建筑创作的纪程.北京：中国建筑工业出版社，1997：39）	
	8. 大餐厅（来源：南京工学院建筑系，建筑研究所编.教师设计作品选.南京：南京工学院出版社，1987：57）	
120. 南京雨花台红领巾广场（1981年）	1. 透视渲染图（来源：王建国主编.杨廷宝建筑论述与作品选集.北京：中国建筑工业出版社，1997：109）	根据南京工学院建筑研究所编《杨廷宝建筑设计作品集》P218和照片绘制并补立面图
	2. 全景（沈忱、方坤摄）	
	3. 背面全景（黎志涛摄）	
	4. 花架（沈忱、方坤摄）	
	5. 花架背后辟为儿童乐园（黎志涛摄）	

附录七：北平古建筑修缮工程图片索引

项目名称	图片名称及来源
1. 天坛圜丘坛	1. 1935年5月9日，圜丘坛修缮保护工程率先开工正面者为杨廷宝（来源：中国文化遗产研究院提供）
	2. 圜丘坛修缮后全景（来源：中国文化遗产研究院提供）
2. 天坛皇穹宇	1. 修缮中（来源：北京中国文化遗产研究院提供）
	2. 琉璃门修缮中（来源：北京中国文化遗产研究院提供）
	3. 修缮后全景（来源：北京中国文化遗产研究院提供）
	4. 修缮后近景（来源：北京中国文化遗产研究院提供）
3. 天坛祈年殿	1. 修缮中（来源：北京中国文化遗产研究院提供）
	2. 祈年殿天花内景（来源：王建国主编.杨廷宝建筑论述与作品选集.北京：中国建筑工业出版社，1997：20）
	3. 祈年殿修缮后全景（来源：中国文化遗产研究院提供）
4. 北平城东南角楼	1. 修缮中（来源：北京中国文化遗产研究院提供）
	2. 1935年修缮后的外景一（来源：北京中国文化遗产研究院提供）
	3. 修缮后的外景二（来源：王建国主编.杨廷宝建筑论述与作品选集.北京：中国建筑工业出版社，1997：21）
5. 西直门箭楼	1. 1920年代的西直门南面全貌及护城河（来源：《北京的城墙和城门The Walls and Gates of Peking》1924. 瑞典 奥斯伍尔德·喜仁龙 Osvald Siren 摄）
	2. 1921年，西直门箭楼西北面景观（来源：同上）
	3. 1945年，修缮后的西直门箭楼（来源：http://www.360doc.com/content/18/0723/04/16534268_772492871.shtml）
6. 国子监辟雍	1. 修缮中现场（来源：北京中国文化遗产研究院提供）
	2. 辟雍正面景观（来源：王建国主编.杨廷宝建筑论述与作品选集.北京：中国建筑工业出版社，1997：23）
	3. 辟雍西北角外景（来源：王建国主编.杨廷宝建筑论述与作品选集.北京：中国建筑工业出版社，1997：23）
7. 中南海紫光阁	1. 紫光阁旧照（来源：网络）
	2. 中南海紫光阁南向外景（来源：王建国主编.杨廷宝建筑论述与作品选集.北京：中国建筑工业出版社，1997：24）
8. 真觉寺金刚宝座塔	1. 金刚宝座塔全景（来源：王建国主编.杨廷宝建筑论述与作品选集.北京：中国建筑工业出版社，1997：25）
	2. 基座石刻花饰（来源：王建国主编.杨廷宝建筑论述与作品选集.北京：中国建筑工业出版社，1997：25）
9. 玉泉山玉峰塔	1. 砖塔外景（来源：王建国主编.杨廷宝建筑论述与作品选集.北京：中国建筑工业出版社，1997：26）
	2. 塔身损坏实况（来源：王建国主编.杨廷宝建筑论述与作品选集.北京：中国建筑工业出版社，1997：26）
10. 碧云寺罗汉堂	1. 入口正面景观（来源：王建国主编.杨廷宝建筑论述与作品选集.北京：中国建筑工业出版社，1997：27）
	2. 修缮前内部柁架天花残破现状（来源：北京中国文化遗产研究院提供）
	3. 修缮后的内景（来源：王建国主编.杨廷宝建筑论述与作品选集.北京：中国建筑工业出版社，1997：27）
	4. 内部彩画修缮后景像（来源：北京中国文化遗产研究院提供）

附录八：早期在美参与设计的工程图片索引

项目名称	图片名称及来源
1. 底特律艺术学院美术馆	1. 全景（来源：https://art.icity.ly/events/wgdginl）
	2. 入口近景（来源：https://m.sohu.com/a/236233769_100003136）
	3. 陈列大厅（来源：https://www.sohu.com/a/236233769_100003136）
2. 费城罗丹美术馆	1. 入口门面墙外景（来源：https://www.sohu.com/a/236233769_100003136）
	2. 从入口庭院看陈列馆（来源：https://www.sohu.com/a/236233769_100003136）
	3. 陈列厅内景（来源：https://www.sohu.com/a/233749647_162203）
3. 费城富兰克林大桥	1. 大桥全景（来源：https://www.sohu.com/a/281890386_693803）
	2. 大桥桥墩（来源：明信片）
	3. 从桥上看桥头堡（来源：https://www.sohu.com/a/236233769_100003136）
4. 费城亨利大桥	1. 从河上看大桥（来源：https://www.sohu.com/a/236233769_100003136）
	2. 大桥近景（来源：杨士萱.杨廷宝的足迹[J].世界建筑，1987（2）：9）
	3. 大桥仰视（来源：https://www.sohu.com/a/236233769_100003136）